实验电化学
一本实验教科书

原著完全修订
第二版

**Experimental
Electrochemistry**

A Laboratory Textbook

（德）鲁道夫·霍尔茨（**Rudolf Holze**）　著

骞伟中　崔超婕　等 译

化学工业出版社
·北京·

内 容 简 介

本书在实验电化学概述的基础上，分为平衡态下的电化学、有电流流动的电化学、分析电化学、非传统电化学、电化学能量转化与储存、电化学生产等章节进行了通用电化学实验的基础内容阐述和实验程序设计阐述。

《实验电化学》为原著第二版的中译版，共计实验 87 个，读者根据本书的内容即可轻松掌握电化学实验技能和研究技能。本书是国外经典教材的翻译图书，是电化学领域较为优秀的参考教材，不论对从事电化学研究的人员还是高等院校师生均有较好的参考作用。

Experimental Electrochemistry, Second, Completely Revised and Updated Edition edition/by〈Rudolf Holze〉
ISBN〈978-3-527-33524-4〉
Copyright © 2019 by〈Wiley-VCH Verlag GmbH & Co. KGaA〉. All rights reserved.
Authorized translation from the〈English〉language edition published by〈Wiley-VCH〉
本书中文简体字版由〈Wiley-VCH〉授权化学工业出版社独家出版发行。
未经许可，不得以任何方式复制或抄袭本书的任何部分，违者必究。

北京市版权局著作权合同登记号：01-2023-2660

图书在版编目（CIP）数据

实验电化学/（德）鲁道夫·霍尔茨（Rudolf Holze）著；蹇伟中等译. —北京：化学工业出版社，2023.7
书 名 原 文：Experimental Electrochemistry：A Laboratory Textbook
ISBN 978-7-122-43201-8

Ⅰ.①实… Ⅱ.①鲁… ②蹇… Ⅲ.①电化学-化学实验-高等学校-教材 Ⅳ.①O646-33

中国国家版本馆 CIP 数据核字（2023）第 067239 号

责任编辑：袁海燕　　　　　　　　　　　　文字编辑：王文莉
责任校对：李露洁　　　　　　　　　　　　装帧设计：王晓宇

出版发行：化学工业出版社（北京市东城区青年湖南街 13 号　邮政编码 100011）
印　　装：北京天宇星印刷厂
710mm×1000mm　1/16　印张 17　字数 313 千字　2023 年 8 月北京第 1 版第 1 次印刷

购书咨询：010-64518888　　　　　　　　售后服务：010-64518899
网　　址：http://www.cip.com.cn
凡购买本书，如有缺损质量问题，本社销售中心负责调换。

定　　价：69.00 元　　　　　　　　　　　　　版权所有　违者必究

译者序

　　《实验电化学》是一本国际上久负盛名的实验类教科书，其中包含了平衡态下的电化学、有电流流动的电化学、分析电化学、非传统电化学等经典内容，以及目前热门的电化学能量转化与储存、电化学生产等新兴内容。基于碳中和时代相关电化学科学研究与技术发展、产业应用的背景，翻译出版此书变得非常必要。

　　此书的翻译与引进有如下几方面的意义。①电化学具有很强的物理化学与分析化学的基础知识背景；实验其实是对基础科学定义的精确理解。②电化学实验中存在着许多影响因素，非长期从事电化学的专业人员很难全部知悉。学习本书既能够避免实验误差，在正确的道路上高效前进，也能够通过精准的实验设计，极大地提高科学研究水平。③本书中各实验设计循序渐进，使得通览全书后，能够获得许多知识，建立起电化学的整体逻辑概念。

　　这是一本对于本科生、研究生、资深研究者及众多相关领域的从业者都非常有用的专业实验书籍。

　　本书的翻译主要由本团队（隶属于清华大学化工系）的研究生完成。其中贡献依次为：张抒婷（前言至实验2.2），王挥遒（实验2.3～实验3.2），李博凡（实验3.3～实验3.10），焦瑞敬（实验3.11～实验3.16），李中泽（实验3.17～实验3.25），魏少鑫（实验3.26～实验4.1），高昶（实验4.2～实验4.10），刘快美（实验4.11～实验6.1），邓晓宇（实验6.2～实验7.2），王宏梅（实验7.3～实验7.11）。魏少鑫还对全书统稿与制订翻译规范做出了显著贡献。骞伟中与崔超婕对译文提出了修改建议，完成了书稿校核与审定。

　　由于编者的研究范围所限，不能绝对专业地把握所有的实验细节，对书中翻译用词，愿倾听读者意见，以便进行适时修订。

骞伟中

2023年1月

序第二版

　　《实验电化学》第一版广受欢迎。根据读者的评论，本书显然受到了工业界和学术界研究人员以及在课堂、实验室中使用本书的教师和学生的称赞。非常感谢那些指出书中存在的、需要细微修正的读者，我们已采纳其意见。

　　该书的重要性不言而喻，尤其是当考虑到电化学在电合成中的"复活"，以及它在当前高度关注的其他领域中发挥的关键作用。因此，出版商和作者同意将实验的选择范围扩大，并增加了与书中已有的实验紧密联系的能源转化和储存、金属科学和腐蚀相关的新实验。我们希望这些更新的知识能对读者有所帮助，并期待着读者积极的反馈和建设性的批评。

R. Daniel Little 教授

特聘研究教授

美国加州大学圣芭芭拉分校（UCSB）化学与生物化学系

第二版前言

本书的第一版深受读者欢迎。在第二版中，作者指出了第一版中的一些错误，并对内容进一步补充与改进。在日常生活中，电化学的重要性逐渐增加。例如，大量依靠可再生电能的移动设备，应用于医学、环境和过程控制中琳琅满目的传感器，新材料与新环境所需要的抗腐蚀保护与表面处理。本书自 2009 年第一版出版后，这几年中新生事物的发展速度令人印象深刻，显然这些新事物应该在我们的新版本中体现。本版除了更正一些错误（感谢细心的读者），还尽可能考虑到上述的发展变化，针对性地增加了新的实验。读者可以在"电化学能量转化与储存"一章中发现这些重要内容的拓展。但其中一些进展，很难作为可执行的实验项目编写进本书，一般可以在高校的化学实验室中实现。尽管如此，作者依然尽可能地更新了本书。网络上与本书描述的实验相关的词条仍在喷涌增长，也提供了更多的信息来源（尤其是关于实验背景的更多扩展），很遗憾，由于本书篇幅所限，这些内容无法充分展现。但即使如此，作者仍期望本版与第一版同样受欢迎。

该部分修订工作，是作者在复旦大学（中国上海）研究期间完成的，感谢吴玉萍团队的大力支持，为该部分工作创造了积极的氛围。

Rudolf Holze
德国，开姆尼茨
2018 年 11 月

第一版前言

电化学是一门从中学到博士阶段都需要学习的课程，是一门交叉性极强的科学。电化学的过程、方法、模型和概念存在于科学和技术的众多领域中，进一步清晰地反映了这一科学分支鲜明的跨学科特色。因此，在各阶段的教育都与电化学有众多交叉。作为一门实验性科学，电化学需要个人对模型或理论的直接实践检验，这比其他任何都更有说服力。正因如此，在教育的各阶段，都可以发现不同复杂程度的电化学实验。其互动的强度范围涵盖从电化学仪器的简单应用（例如 pH 测量或电解制氢气）到许多大学提供的、完整的电化学实验课程。电化学在传感器、表面技术、材料科学、微系统技术和纳米技术等众多应用中愈显重要，这对于提升电化学科学的重要性和普遍性有重要意义。

《电化学实验》一书最初由 Erich Müller 于 1931 年出版，在该书于 1953 年出版了第九版（也是最后一版）后，再也没有出版过提供可重复的电化学实验描述的德文教科书。即便是英文教科书，其最后出版时间也只是稍微近一些。由 N. J. Selley 编写的《电化学的实验方法》（Edward Arnold，伦敦，1977 年）也已经绝版很久了。此外，J. O'M. Bockris 和 R. A. Fredlein 编写的《电化学工作手册》（Plenum Press，纽约—伦敦，1973 年），虽然其中并没有描述任何实验，但仍然是对电化学理论角度的一个有力补充，很不幸，其也遭遇了同样的绝版命运。显然，一本包含可重复实验描述且适用于中学到大学、研究生所有学习阶段的教科书是必不可少的。其中，由欧洲化学学会联合会开发的《欧洲电化学课程》于 1999 年获得批准（迄今为止仍未开课），该课程将添加对实验室实验的具体描述以补充现有大量教科书的不足。以该课程为指导，本书选择介绍的内容基于广泛的实验收集，可作为化学、材料科学和其他学科学生的一部分实验室课程。此外，由于一些学校的学生是首次接触电化学实验，故本书也为这些学校的教师专门设计了实验。由于整个电化学领域无法由一个研究团队独立地完整呈现，因此本书包括了由其他大学的教师提供的实验与描述。这里要特别感谢 F. Beckt、H. Schafer、J. -W. Schultzet、M. Paul、K. Banert、H. J. Thomas、R. Daniel Little 和 E. Steckhant。如果没有富有创造力的学生和研究人员的热情合作，所述实验的研发和作者团队的相应说明是无法面世的。感谢 W. Leyffer、

K. Pflugbeil、J. Poppe 和 M. Stelter 通过对实验概念的仔细评估和优化，为本书提供了宝贵的支持，感谢众多学生提供了实验课程的结果和建议。最后，E. Rahm 检查了关于实际应用的许多描述。如果没有她，大大小小的缺陷都会被印刷出来。本书部分手稿是在圣彼得堡国立大学期间准备的，感谢东道主 V. Malev 的慷慨款待与提供的舒适环境，并特别致谢 DAAD 的旅行津贴。

电化学的范围不仅体现在方法与概念的多样性上，还表现在所使用的仪器和工具的种类上。本书描述的实验从在学校可实现的简单测试，到需要光谱仪和其他大型仪器的复杂研究（这很可能只有在大学实验室才可行）。因此，作者希望为以下两类教师提供有价值的信息：寻求演示电离实验的高中教师以及扩展物理或有机化学实验课程的大学教授。

本书所有的描述都清晰、明确，包括成功重复实验所需的所有细节，同时避免不必要的细节。只有在真正必要的情况下，才会增加实验装置的实际细节和制造指导。本书未提供每个化学实验室都可能存在的危险、风险的完整说明，只有在特殊危险的情况下才提供安全说明和安全实验的建议。考虑到各校购置仪器或设备不同，本书也未提及或建议所需的仪器制造商。本书只说明了仪器的具体特点，如光谱实验所需的仪器。

本书未附加电化学教科书，因为任何尝试都会因篇幅过大导致使用不便。相反，在每一部分的开头都提供了简短的背景介绍，并辅以 C. H. Hamann、A. Hamnett 和 W. Vielstich 的《电化学》（第二版， Wiley-VCH 和 Weinheim，2007 年）一书的参考资料，以 EC 和相应的页码进行引用。必要时，也引入了其他更多的参考教科书、评论文章和研究论文。

本书收集的大量实验以及后附的实验说明，是一个"进行时的工作"。可以随着电化学领域的发展，持续添加更多新的、目前还不太流行的实验。这些内容可以参见 http://www.tu－chemnitz.de/chemie/elchem/elpra。 图中的符号和描述，采用了 IUPAC 推荐的标准 [Pure Appl. Chem. 1974,（37）: 499]。与以前的教科书相比，可能偶尔会导致轻微的混淆，因此符号、首字母缩略词和缩写的列表会提供帮助。为避免混淆，维度由斜杠（数量演算）分隔；方括号只在必要时使用。

Rudolf Holze

德国，开姆尼茨

2008 年 12 月

符号和缩略词

A	面积
a	活度
a_i	德拜长度
C	测量电导率的电池常数
CV	循环伏安法
C_D	双电层电容
C_{diff}	双电层微分电容
C_{int}	双电层积分电容
c	物质的量浓度
$c_{p, m}$	等压摩尔热容
c_s	表面浓度
$c_{V, m}$	等容摩尔热容
c_0	体相浓度
D	扩散系数
d	电极间距
E	电极电位
E	电场强度
E_0	无电流通过的平衡态下的电极电位，形式电位
E_{00}	标准电极电位
E_a	化学反应活化能
E_F	费米能级，费米边缘
$E_{Hg_2SO_4}$	见 E_{MSE}
E_{MSE}	相对于硫酸亚汞电极的电极电位，$c_{Hg_2SO_4} = 0.1 mol \cdot L^{-1}$
E_m	测量电位
ΔE_p	电极峰电位差
$E_{p, ox}$	氧化反应的电极峰电位
$E_{p, red}$	还原反应的电极峰电位
E_{pzc}	电极的零电荷电位
E_{red}	氧化还原电极电位
E_{ref}	参考电极电位
E_{RHE}	相对于相对氢电极的电极电位
E_{SCE}	相对于饱和甘汞电极的电极电位
e_0	元电荷

F	力
F	法拉第常数
f	测量误差,标准偏差;频率,气体 i 的逸度($f_i = \gamma_i p_i$)
ΔG	吉布斯自由能(变),离子-溶剂相互作用的吉布斯自由能
$\Delta H_{\text{Ion-LM}}$	离子-溶剂相互作用焓
HOMO	最高占据分子轨道
HRE	氢参比电极
I	离子强度
I	电流(总电流),以及物质流动
I_a	由阴离子传输的电流
I_c	由阳离子传输的电流
I_C	电容电流
I_{ct}	电荷传递电流
I_D	环盘电极上的盘电流
I_{diff}	极限扩散电流(亦作 $I_{\text{lim, diff}}$)
$I_{D, \text{diff}}$	环盘电极上的极限扩散盘电流
I_p	峰电流
I_R	环盘电极上的环电流
$I_{R, \text{diff}}$	环盘电极上的极限扩散环电流
I_{SC}	短路电流
j	电流密度
j_{ct}	电荷转移电流密度
j_D	圆盘或环盘电极上的盘电流密度
j_{diff}	极限扩散电流密度(亦作 $j_{\text{lim, diff}}$)
j_{lim}	极限电流密度
j_R	环盘电极上的环电流密度
K	平衡常数
K_c	浓度平衡常数,也作解离(平衡)常数
K_s	解离(平衡)常数
k	科尔劳施常数,速率常数
L	电导,电导率;溶度积
LUMO	最低未占据分子轨道
M	摩尔质量,原子质量
m	质量摩尔浓度,汞在滴汞电极上的流速(单位: mg/s)
N_A	阿伏伽德罗常数

N_L	洛喜密脱常数
n	物质的量
n	电极反应原子价
n_A	阴离子物质的量
n_C	阳离子物质的量
n^+	阳离子化学计量系数
n^-	阴离子化学计量系数
p. A.	物质的纯度分析
Q_{DL}	双电层充电所需的电荷
q_e	一个电子的电荷
q^-	由阴离子传输的电荷
q^+	由阳离子传输的电荷
R	电阻，气体常数
R_{ct}	电荷转移电阻
R_f	粗糙因子
R_{sol}	电解质溶液电阻
RHE	相对氢电极
r_i	离子半径
r_1	环盘电极的圆盘半径
r_2	环盘电极的内环半径
r_3	环盘电极的外环半径
SOMO	半占据分子轨道
T	热力学温度
t	迁移数
t^+	阳离子迁移数
t^-	阴离子迁移数
t	学生的 t 因子
U	电压，两个电极的电位差
U_0	平衡时的电压（$I=0$），平衡时两个电极的电位差（$I=0$）
U_d	分解电压
u	离子迁移率，$u=v/E$
V	体积
v	离子迁移速度，汞在滴汞电极上流动的速率
v	dE/dt，循环伏安法中的扫描速率
ν	运动黏度

x	摩尔分数
z	离子电荷数

希腊符号

α	解离度，对称系数
χ	表面电势
δ	扩散层厚度
δ_N	能斯特扩散层厚度
$\varepsilon, \varepsilon_r$	介电常数，相对介电常数
γ	活度系数
φ	伏打电位
φ	静电位
κ	电导率
Λ_{eq}	等效电导率
Λ_0	无限稀释时的等效电导率
Λ_{mol}	摩尔电导率
λ_{eq}^+	阳离子的等效离子电导率
λ_{eq}^-	阴离子的等效离子电导率
λ_{mol}^+	阳离子的摩尔离子电导率
λ_{mol}^-	阴离子的摩尔离子电导率
λ_0^+	无限稀释时阳离子的摩尔离子电导率
λ_0^-	无限稀释时阴离子的摩尔离子电导率
η	过电势
η_{ct}	电荷传递过电势
η	动力黏度
θ	覆盖度
ρ	电阻率
τ	滴汞电极的滴落时间（以秒为单位）；迁移时间
ξ	反应进度
ω	角速度

目 录

1　引言：实用电化学综述 　　001

2　平衡态下的电化学 　　011

4 分析电化学   153

5 非传统电化学   194

6 电化学能量转化与储存   208

1

引言：实用
电化学综述

Experimental
Electrochemistry

自然科学领域的学生及众多行业的专业人员都会接触到许多科技领域中存在的电化学方法、概念和过程的相关知识。任何一种可靠的实验类型的集合（如教材或报告）、相关实验介绍以及对电化学这门学科的介绍，也都说明了电化学领域的广度以及无限的可能性。基于上述特征及服务于广大读者的初衷，本书在实验选择上体现了极大宽度、在实用需求上体现了极大广度，以及考虑到了不同读者的知识水平层次，体现了不同的深度。同时，为了有效服务读者，本书在实验安排时，充分考虑了使用的方便性与理论知识要点安排的逻辑性。和其他书的编写逻辑 [R. Holze: *Leitfaden der Elektrochemie*（《电化学指南》，Teubner，Stuttgart，1998 年）与 *Elektrochemisches Praktikum*（《电化学实用课程》，Teubner，Stuttgart，2000 年）] 类似，本书也首先介绍平衡状态下的电化学，即没有电流的流动和物质的转换，随后介绍有电流流动的电化学。本书第 1 章讨论了电极电位的测量及其在确定热力学数据等方面的应用。第 2 章介绍了关于电流穿过电化学界面的各种实验。电化学方法的应用（包括无电流和有电流）内容则安排在了"分析电化学"这一章❶。该章还包括了有助于阐明电极过程机制（一种广义上的分析方法）的实验，基于非传统方法（尤其是光谱法）在电化学领域的影响不断增强，本书也在后面章节中介绍了该分支的一小部分实验。然而，很遗憾的是，这些实验的可行性主要取决于是否有昂贵的仪器，从而限制了服务读者的群体范围。能量转化和储存的电化学方法具有极其重要的实际意义，大多数初次接触电化学实验的人都有可能使用相关设备。由于该章结合了平衡电化学（即热力学）和电化学动力学的应用知识，因此，为了避免内容重复，该章仅收集了不重点关注这些方面（平衡电化学与电化学动力学）的实验。电化学方法也应用在工业（合成）化学中的基础化学品生产中，例如氯气或氢氧化钠的生产以及一些合成过程，这些都包含在最后一章中。值得指出，由于很难将一个大规模的工业过程用一个简单的实验室实验重现，因此，本章节选择的案例比较有限。

　　书中，对实验的描述是根据一个大致的通用框架来组织的。为了让读者更好地理解实验，通常先简要说明实验任务和实验目的，再简要说明理论基础。但是请注意，这些信息并不能完全取代经典教科书的相关内容或原始文献中的报告。除参考原始资料之外，C. H. Hamann、A. Hamnett 和 W. Vielstich 的《电化学》（Wiley-VCH Verlag GmbH，Weinheim，2007 年）的相应章节被引用为 EC，相应的页码为 EC：××。另外，在多个实验中，都用到了极谱法和循环伏安法等

---

❶　术语"分析电化学"似乎定义很明确，然而，在日常生活中的使用有些混乱：术语"分析"有时被用于限定电化学（例如与合成电化学形成对比）的某个分支；有时它则表示电化学方法在分析化学中的应用，正如此处。

方法。本书仅在这些方法首次出现时介绍其基本原理，并且没有刻意列出可能应用该方法的所有场景。这样可以有效避免内容重复。但请读者注意，使用时要进行知识点回溯。同时，本书在选择实验类型时，注重实验难度的适中性与仪器通用性。一些难度太大的实验及需要复杂仪器的实验不在本书的考虑之列。反过来，本书的读者和用户根据个人兴趣与意图，可以很便捷地从书中选择相应实验。进而根据实验所需知识，非常方便地选择可用和必要的设备，从而进行有效操作。

实验操作说明中，首先是必要的仪器和化学物质的列表，同时也提供了可能供选择的其他仪器。但在随后，只介绍一种实验方法。在操作说明中，如有必要，会提供装置的电路原理图，以及仪器或其部分的结构草图。各种实验测试的操作步骤是框架性的描述。同时，也会提示实验中隐含的陷阱与特殊的实验细节。另外，将原始数据经过数据处理获得预期结果的步骤介绍是很简要的。最后列出了需要思考的问题。这些与操作有关的问题，有助于进一步理解实验与所获得的知识。基于注重实验的考虑，本书不包括大量的计算训练实例。这些案例可以在 J. O' M. Bockris 和 R. A. Fredlein 的教科书中找到。另外，本书未对典型实验结果进行艺术性的美化处理。相反，鼓励本书的读者努力提升自己的技能，以便使自己数据与文献数据（总是参考一般可用的教科书中的标准以做比较）相比，具有较好的一致性。

使用提示

大多数实验中使用的是水溶液，如果没有另外说明，则使用超纯水（因其典型的比电阻值，又称为 18MΩ 水），该水可通过各种市售的净化系统对去离子水净化后获得。二次蒸馏水也可以作为一种替代，在部分实验中，也可以使用简单的去离子水。特别是在要求苛刻的电导率❶和电位测量中，去离子水中存在的微量杂质可能会导致结果存在误差，因此需要盲样测试，尤其是在使用低于理想纯度的水时。在某些案例中，为了便于制备，不仅给出了所需溶液要求的浓度，还给出了制备所需溶液所选化学品的量。当使用与所推荐的体积不同的电解槽或其他实验装置时，所述实验条件的数据就需要更正。此外，C. K. Mann 的《电化学用非水溶剂，电分析化学 3》（A. J. Bard，ed.）（Marcel Dekker，纽约，1969年，第 57 页）详细地描述了有机溶剂的纯化；H. J. Gores 和 J. M. G. Barthel

❶ 电导（conductance）和电导率（conductivity）这两个术语的含义和使用，以及它们各自的倒数——电阻和电阻率，略显混乱且经常不一致。根据标准参考文献，电导用于描述物质的导电能力不需要样品的具体尺寸；而电导率指的是具有单位尺寸的样品的导电能力，也就是说，它指的是比电导。因此，常用术语"电导"可能更合适，但它仍然是一个同义词或同构词。在本书中，采用了标准术语电导率仪或电导率测量——尽管在大多数情况下只测量电导。

[*Pure Appl. Chem.*，67（1995）919] 收集了关于有机溶剂的电解质溶液的更多信息。

电 极

正如 W. Nernst 所建议的，电极一词应始终适用于电子导电材料（如金属、石墨、半导体）和与该材料接触的离子导电相（如水溶液、聚合电解质、熔盐）的特殊组合。该用法的必要性会在实验 3.12 中说明，该实验中铅与各种电解质溶液接触。显然，铅电极一词变得模棱两可。在日常生活中，电极一词大多仅指电子传导部件。在本书中不会完全禁止这种既定的用法，但为了避免可能出现的混淆，本书将会再次重点提及。

在某些实验中，需要用选定的材料制备特殊形状和结构的电极，后续会在实验中详述。而通用类型和结构的电极被广泛应用在许多实验中，一般可以很方便地从玻璃制品店购得，也不需要任何专家的帮助。下面对电极提出一些建议。

金属片（贵金属，如铂或金）常被用作工作电极和对电极，这些电极可以通过在一块金属板（约 0.1～0.2mm 厚）上点焊一根金属线的方式制得。再将金属线延伸，与一根铜线用硬焊料（比如银焊料。本文不建议使用软焊料，主要考虑到在后续的玻璃吹制操作中，其很可能会熔化。同时，软焊料易与金形成合金，导致焊接不牢固）焊接，然后贵金属丝被密封在玻璃管中。低熔点的玻璃是首选，因为不太高的温度就能使其熔融，熔融物黏度很低，有利于在固化后实现紧密的玻璃金属封装。对于铂金丝封装，可以使用熔点较高的硼硅酸盐玻璃；而对于银线封装而言，最合适的是二氧化铅玻璃。同时，玻璃制造者在操作喷灯时必须避免还原条件。然而，这些玻璃很难获得（对普通操作者而言）。当没有点焊机时，可以使用简单的金属丝螺旋代替片状电极。除了玻璃金属封装方式外，也可以用环氧树脂胶固定金属丝。然而，这种固定方式在机械和化学上都不太稳定，不能用一些腐蚀性强的溶液对其进行清洗。此外，由于树脂的化学成分，这种固定方式还可能会给电解质溶液带入微量的杂质。

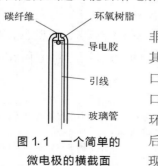

碳纤维　　环氧树脂
导电胶
引线
玻璃管

图 1.1　一个简单的
微电极的横截面

在制备非常简单的微电极时，这种环氧树脂胶水非常有效。如图 1.1 所示，对玻璃管进行加热，直到其端部软化坍塌，只留下一个很窄的开口。随后从开口处，把碳纤维丝塞入，然后把环氧树脂胶涂抹在开口处。轻轻拉动和推动碳纤维丝，它的四周都被涂上环氧树脂胶水。胶水固化后，就完成了封装过程。然后，在玻璃管内部，用导电银浆或石墨水泥与铜线实现导电连接。

参比电极大多使用氢电极或金属离子电极，其中饱和甘汞和氯化银电极（EC：99）广受欢迎，典型的结构如图1.2所示。

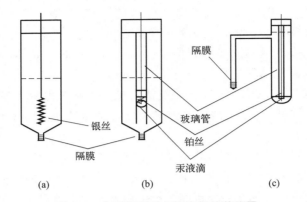

图1.2　各种类型的参比电极的截面图

（a）银/氯化银电极；（b）（c）甘汞或硫酸亚汞电极

虚线表示溶液填充水平

电化学池中可以是各种水性电解液，也可以是非水性电解液。注意，由于卤化物的扩散性能较强，故高浓度的氯化物可能导致电化学电池中的电解液被污染；在碱性溶液中，甘汞可能发生歧化反应。

F. G. Will 和 H. J. Hess［*J. Electrochem. Soc.*，120（1973）1；*J. Electrochem. Soc.*，133（1986），454］曾提出了一个非常简单的氢电极❶设计（如图1.3所示）。

铂丝网（更好的是钯或钯丝网）被点焊在铂金丝上。然后把铂丝穿过一个玻璃毛细管，通过

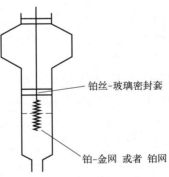

图1.3　F. G. Will 设计的氢电极

玻璃-金属封焊的方式进行固定。还可以通过电解的方式，在铂丝表面形成铂黑涂层，从而增大其活性表面积。在预定实验的电解液中，以辅助电极（如铂丝）作为阳极，在直流电源（约几伏）作用下，毛细管内的金属网被氢质子的阴极还原，直至形成氢气泡。当玻璃-金属密封足够紧密时，该气泡可能会在原地停留

---

❶　有时氢电极被称为可逆或相对氢电极（RHE），前者显然是多余的。术语"可逆"意味着存在一个可逆反应：电极反应在两个方向上以显著的速率在同一途径发生反应；没有这一点，就无法建立稳定的电极电位。另外，该术语可能意味着热力学意义上的可逆——处于平衡状态。由于参比电极总是在没有任何电流的情况下使用，所以它处于平衡状态。相对一词，是指可能存在非标准的质子浓度，因此电极不是标准电极。

数周，相应地，电极电位保持稳定。当有机化合物溶解在电解液中时，可能会在铂金表面发生反应，由于电极中毒而可能会发生电位偏移；如果是中性电解质溶液，由于氢电极反应的交换电流密度具有 pH 依赖性（EC：344），因此电位也不稳定。只有在极少数情况下，填充到氢气电极中的溶液中的质子的活性才会达到统一。因此，该电极不能被称为标准氢电极（standard hydrogen electrode，SHE）［另一个"标准氢电极"——normal hydrogen electrode（NHE）也应该避免使用，因为"normal"一词可能被认为是对某一浓度的指定］。由于氢电极电位与质子活度有关，这种氢电极有时被称为相对氢电极（relative hydrogen electrode，RHE）。

在非水电解质溶液中，通过盐桥（见下文）连接，实现离子导电连通时，也可以使用含有水电解质溶液的参比电极。由于各种溶液之间的相界面处会产生扩散电位，故如果不加以修正，就可能会产生相当大的实验误差。此外，水溶液中的组分（当然包括水）缓慢扩散到非水电解质溶液中时，可能会引起不良的化学反应或其他实验假象。因此，最好还是选用非水溶剂的电解质溶液。但是，第二种类型的（例如 Ag/AgCl，详见上文）电极容易发生歧化，以致最终分解，常导致参比电极的电位漂移。此外，这些电极的电位取决于所使用的溶剂，因此在不同溶剂中得到的实验结果之间的比较，可能是不可靠的。氧化还原体系的表观电位 E_0 定义为它们各自的氧化和还原峰电位之间的中点电位，如在循环伏安图中观察到的 ［$E_0 = E_{p, red} + (E_{p, ox} - E_{p, red})/2$，详见实验 3.18］已被反复用作参考点，$E_0$ 的值不依赖于溶剂。二茂铁（见实验 3.17）曾被认为是重要的、可靠的实验标准物 ［R. R. Gagne、C. A. Koval 和 G. C. Lisensky，Inorg. Chem.，19（1980）2854］，因为位于两个环戊二烯配体中心的铁离子似乎被溶剂很好地屏蔽了。然而，实验证明，在二茂铁氧化时，大部分电荷会从配体中被移除，铁上的实际电荷只改变了大约 1/10 的电荷。有人建议用十甲基二茂铁或十苯基二茂铁作为替代品，详见 I. Noviandri、K. N. Brown、D. S. Fleming、P. T. Gulyas、P. A. Lay、A. F. Masters 与 L. Phillips 发表的论文 ［J. Phys. Chem. B.，103（1999），6713］。在实际实验中，可以使用充满非水电解质溶液的第二类参比电极；在实验结束后，加入一些二茂铁并记录循环伏安图，将所有电极电位转换为该参比刻度（如二茂铁）。只有这样，才能使在不同地方用不同溶剂得到的实验结果具有兼容性和可比性。

目前虽然已经出现了大量的电子参比电压源仪器，其精度足以用于校准，但电化学参比池仍在使用。唯一不经常使用的是 Clark 电池（$Zn | ZnSO_4, {(aq, sat)} | ZnSO_4, {sol} + Hg_2SO_4, {sol} | Hg$），它已被 Weston 电池（$Cd | CdSO_4, {(aq, sat)} | CdSO_4, {sol} + Hg_2SO_4, {sol} | Hg$）取代。后者的电池反应的反应熵很小，电池电压的温度系数较小，因而更加可靠。

测量仪器❶

除了某些实验方法所特有的特殊仪器（如用于极谱学的偏振仪）外，常用的测量电压和电流的电子仪器非常简单。大多数情况下，标准的模拟或数字万用表已经足够。值得注意的是，在测量参比电极和工作电极之间的电位差时，必须避免电流的流动。理想情况下，用补偿电路来降低电流的流动最为有效。然而，这一程序操作很烦琐，且实用性有限。目前常使用具有非常高输入电阻（$R_i >$ $10^{12}\,\Omega$）的电压表，已经能足够接近这种理想方法的测量精度。在选择精密测量的仪器时，输入电阻值得特别注意。经济型万用表通常带有分压电路，供在输入端进行量程选择，因而常导致较低的输入电阻值（可能引起误差），因此，应正确使用这些万用表。利用市售 2V 量程的数字电压表模块（无输入分压器添加），可以低成本地构建功能强大的电位测量仪器。测量电流-电位曲线时，常需要一个带有非常小测量（分流）电阻的电流表。理想情况下，其值应该是零。这可以通过基于运算放大器（电流跟随器）的简单电路实现。由于电化学电池（燃料电池、电池）通常的输出电压很小，用这种测量方式就非常有用与便捷。由于数字源表便宜且精度高，因而使用性广泛。在需要把电压先调节到某一数值的实验中，使用模拟仪器可能更好，因为可以更清楚地辨别被测信号的变化趋势。采用带有附加条形图显示的数字源表可能是一种折中的选择。不过人们有时很难适应这种闪烁的条形图显示方式。

电化学电池

除了文献中描述的、用于特殊实验设计的特定电化学电池外，许多通用的电化学电池也已经被使用。如果用简单的烧杯搭建电化学电池，由于烧杯开口太大，很难在电解质溶液上方充入惰性气体，且很难实现用气体冲洗溶液上的气氛，常会导致极大的实验误差。因此只在少数情况下，才会使用这种简易的电化学电池。除此之外，必须使用辅助固定架，才能实现可靠且可重复的电极安装操作。常用 H 型电池进行循环伏安测试。H 型电池因为其形状得名，如图 1.4 所示。

测量电化学阻抗和进行交流电极电位调节等实验时，将球形工作电极或嵌入惰性材料中的圆盘状电极安装在对称电池的中心。这种设置对于精确测量是最有

---

❶ Sycopel 科学仪器公司提供了一套完整的装置，包括作为标准台式电脑插件的恒电位仪、一个电池、几个电极和适合运行下面描述的几个实验的软件以及一本工作手册。

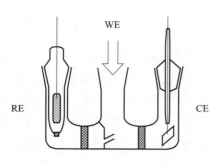

图 1.4 用于电化学实验的
H 型电池的横截面

WE—工作电极；RE—参比
电极；CE—对电极

利的。另外，通过磨砂玻璃管通入气体，对电解质溶液、电极和参比电极进行清洗。通过用多孔玻璃或陶瓷碎片封闭管口，可以减少电解质溶液在管子内部和电池的主隔间的交换。该类型的电池也可以用于旋转圆盘电极的研究，如图 1.5 所示。

在精细实验研究❶中，为了防止电解质溶液的混合，通常设置"盐桥"（图 1.6）。盐桥在电池组件之间提供电解连接，且不使这些电解池中的电解质溶液直接接触。在简易的实验中，用一根塑料管装满合适的电解质溶液并用棉毛塞或滤纸制成的塞子密封，基本就可以实现盐桥的功能。电解液可以采用 $1mol \cdot L^{-1}$ KNO_3，该电解液中的阴阳离子具有相似的流动性（P. W. Atkins, J. de Paula, *Physical Chemistry*, 8th ed., Oxford University Press, Oxford, 2006, p. 1019），这基本可以补偿电池溶液界面产生扩散电位（P. W. Atkins, J. de Paula, *Physical Chemistry*, 8th ed., Oxford University Press, Oxford, 2006, p. 216, EC: 112；146），从而使测量比较精

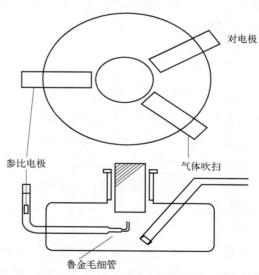

对电极

参比电极

气体吹扫

鲁金毛细管

图 1.5 用于交流测量和旋转盘电极研究的电化学电池的横截面

---

❶ 例如，测量标准电极电位或细胞电压，其中的扩散电位必须避免或精确测量。

确。此外，这两种离子对大多数电化学过程和电池反应的干扰都很小。 当然，为了使装置更加精密，可靠与稳定，可以用磨砂玻璃隔膜或多孔玻璃塞（由"VYCOR®" ❶ 制作）进行密封，典型的电池设计如图 1.6 所示。

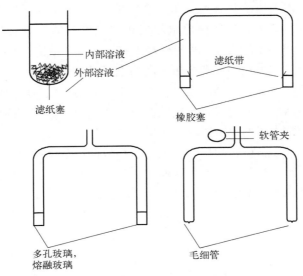

图 1.6　一些盐桥结构的横截面

数据记录

大多数实验中，可能不需要大量的数据记录，只有必须高速记录数据的研究过程（如循环伏安法或光谱法）才需要记录设备。除了示波器（多数情况下，只有增加比较昂贵的硬件和软件，才能提供打印输出）之外，也可以使用模拟记录仪（X-Y 记录仪或 X-t 记录仪）记录数据。另外，模拟记录仪价格陡升，而无处不在且功能强大的计算机却越来越便宜，因此更加倾向于使用计算机记录数据。另外，易于编程和廉价的 ADDA 接口卡❷可以为电化学实验生成输入信号（通过 DA 功能）并记录（通过 AD 功能），使得计算机逐渐取代了记录仪和函数发生器。随后的数据存储和处理最好也可以通过计算机完成，可以免去烦琐的人工纸张计算。尽管如此，也需注意，计算机的使用也存在不可忽略的缺点。

大多数用于电化学实验的商业软件功能虽强大但价格昂贵（例外情况见上页脚注❶），如果仅仅为了实验课程购买，可能并不划算。此外，模拟函数发生器和 X-Y 记录仪在调节实验参数时具有特别的优势，例如对电位限制、扫描速率

---

❶　这些塞子必须保持湿润，因为干燥可能导致损坏。

❷　ADDA：模拟-数字/数字-模拟转换器。

等，调节效果会即时可见。而使用计算机则无法实现这样的在线显示效果，进而失去了教育和实践教学过程中应有的及时性效果。使用接口卡时，常需要仔细地校准硬件或软件，但是大家都常常忘记这样做，而导致误差。精细的校准需要外部电压源提供异常电压（并非上述标准单元的值）。该电路只需要与高精度基准进行一次初始校准即可。当选择恒电位仪和其他设备的测量量程时，必须牢记DA接口卡的输入电压范围，量程一般为 2~5V。这个范围在电位测量中是非常合适的（实际上工作电极和参考电极之间的电压是由恒电位仪测量的）。在电流测量时，一般只能观察到微小的电流。由于小数值的并联电阻只能提供很小的电压，导致电流显示的信噪比很差。因此，应该选择一个尽可能高的分流电阻；在现代恒电位仪中，内置的电流跟随器可以自动匹配。

由于数据记录设备价格的持续下跌，使得数据记录仪作为 X-t 记录仪的替代品甚至开始进入小型实验室。使用这些设备的便利性，会显著促进与电化学能量转化和储存有关的实验的实施。

2

平衡态下的
电化学

在电化学中，经常采用的标准是电流的流动。因为在实验中或更普遍的研究系统中，在平衡状态下没有电流的现象。这种现象与外部的电解质溶液本体以及电子传导材料（如金属，常被称为电极，但并不准确）、离子传导的电解质溶液之间的电化学界面等都密切相关。这两种可能性也存在于动态系统中。这种情况下，在导线、金属等中的电子传导现象与在离子导电相（电解质溶液）中的离子传递现象耦合在一起。在电化学界面上，这两个过程和通量都是强耦合的。

在本章中，描述了没有电流流动的实验，讨论了电化学和一般热力学、混合相和非理想热力学的基本事实和关系，以及电化学和热力学数据之间的关系。

Experimental
Electrochemistry

实验 2.1：电化学序列表

任务

在确定镍、铜和锌电极的标准电位时，我们制备了一个标准氢电极作为参比电极。同时，检验了能斯特（Nernst）方程所表示的金属离子浓度的影响，测量了铜-银电池电压的温度依赖性，并用于计算反应熵。

原理

化学元素和它们的化合物之间被还原（与吸收电子有关）还是被氧化（与去除电子有关），存在着巨大的差异。在电化学中，通过测量电池电压，可以很容易地比较两种不同元素之间被氧化或被还原的特性。一般实验中，金属是最主要的研究对象元素。在标准性的对比中，主要通过使用金属元素为电极，放置在含该单位活性离子的溶液中进行实验获得。由于离子在溶液中的非理想行为，$a = 1\text{mol} \cdot \text{L}^{-1}$ 的溶液通常只在其浓度远大于整体（$c > 1\text{mol} \cdot \text{L}^{-1}$）的情况下才能达到。在含有氢气参比电极和金属电极的溶液之间设置一个盐桥，其中氢电极的金属丝连接器和第二电极的金属之间的电池电压用高输入阻抗电压表测量。该电压测量值可以与理论计算值（基于电池反应和通过分解的两电极侧的反应）进行对比。被确定为正极（阴极）的金属的惰性高于负极（阳极）金属。以较活泼的锌和较稳定的铜为例进行验证，在含有标准活度的两种离子（Cu^{2+}、Zn^{2+}）的溶液中，以较活泼的锌丝作为负极，较稳定的铜丝作为正极，这种电池被称为丹尼尔（Daniell）电池。电池如下所示：

阴极（还原）反应　　　　　$Cu^{2+} + 2e^- \longrightarrow Cu$　　　　　　　（2.1）

阳极（氧化）反应　　　　　$Zn \longrightarrow Zn^{2+} + 2e^-$　　　　　　　（2.2）

电池反应　　　　　　　　$Cu^{2+} + Zn \longrightarrow Zn^{2+} + Cu$　　　（2.3）

根据金属（更广泛地说是元素和化合物）的还原或氧化能力评级，进行比较并建立列表，该表称为电化学序列表，这些测量也可以用气态反应物实现。因此，将氢气鼓泡吹入惰性金属电极（如铂金片）周围，同时采用具有明确 pH 值的水性电解液，这样就建立了氢电极。令质子活度 $a = 1$ 且氢气分压为 $p = p_0 = 1\text{atm}$（$1\text{atm} = 101325\text{Pa}$）时，就可得到一个标准氢电极，根据定义，标准氢电极的电极电位是 $E_{SHE} = 0\text{V}$。将该标准氢电极作为一个电极（或半电池），与另一个待测试电极组成电池，得到的电池电压相当于测试电极的电极电位。这个电位值就是电化学序列表中的值。

对于其他离子活度的电解质溶液和气体压力（在气体电极中，气体参与建立电极电位），会得到不同的、非标准的电极电位值。其中，活性、压力和电极电位之间的关系是由 Nernst 方程给出的。

电池电压与电池反应的吉布斯（Gibbs）能有关，公式如下：

$$\Delta G_R = zFU_0 \tag{2.4}$$

在研究的温度范围内，利用吉布斯方程的偏导数假设反应焓 ΔH_R 的一个恒定值（即与温度无关）：

$$\left(\frac{\partial \Delta G_R}{\partial T}\right)_p = \left(\frac{\partial \Delta H_R}{\partial T}\right)_p - \left(\frac{\partial T \Delta S_R}{\partial T}\right)_p \tag{2.5}$$

得到：

$$\left(\frac{\partial \Delta G_R}{\partial T}\right)_p = \partial T \Delta S_R \tag{2.6}$$

反应熵现在可以通过测量电池电压的温度系数来计算：

$$\left(\frac{\partial U_0}{\partial T}\right)_p zF = \Delta S_R \tag{2.7}$$

操　作
化学品和仪器

$1\,mol \cdot L^{-1}$ $CuSO_4$ 水溶液

$1\,mol \cdot L^{-1}$ $ZnSO_4$ 水溶液

$1\,mol \cdot L^{-1}$ $NiSO_4$ 水溶液

$1.25\,mol \cdot L^{-1}$ HCl 水溶液（质子活度约为 1）

$1\,mol \cdot L^{-1}$ KNO_3 水溶液❶

银，铜，镍，铂，锌电极（线、片）

氢气

高输入阻抗伏特计

恒温器

设置

将金属盐溶液装入烧杯中，金属电极依次用砂纸清洁、用水冲洗，然后浸入各自的溶液中；两个烧杯之间用盐桥连接；当互换烧杯时，盐桥的顶端需要用水仔细冲洗，以避免污染。

---

❶ 考虑到氯离子会吸附在大多数金属上，可能会导致腐蚀，不建议在盐桥中使用 KCl 溶液。

步骤

多种可能的电极组合可以用来测量两个金属端之间的电压。此外，还可以测量金属电极与氢电极的电池电压。

将 $ZnSO_4$ 水溶液稀释到 $0.1mol \cdot L^{-1}$ 和 $0.01mol \cdot L^{-1}$；以氢电极为对比，进行多次重复测量。

在 $20 \sim 80℃$ 的范围内，测量电池（$Ag/AgNO_3$ 溶液/盐桥/$CuSO_4$ 溶液/铜）的电压与温度的关系[❶]。

数据评估

将得到的电位值在电化学序列表中列出，并与文献数据进行比较。用 Nernst 方程检验不同浓度的 $ZnSO_4$ 溶液得到的电极电位值。

在不同温度范围内测量铜-银电池的电池电压，得到如下典型实验的数据（图 2.1）。显然，测试得到的数据与预期的数据之间的偏差是由电池内部和恒温槽之间的温度差异所致。基于室温下的 RT 数值计算得到的电压值[❷]为：$U_0 = 0.469V$，而实验测得的数据是 $U_0 = 0.454V$。为了确认两者存在差异的原因，这里通过参比电极测定了两个电极的电位。使用饱和甘汞电极得到的结果为：$E_{Cu\ vs.\ SCE} = 0.322V$，$E_{Ag\ vs.\ SCE} = 0.775V$，显然，偏差是由铜电极的非理想行为导致的。

基于图中得到计算的 $\dfrac{\partial U_0}{\partial T} = -0.63mV \cdot K^{-1}$ 温度系数可以计算出反应的熵值：$\Delta S = -121J \cdot K^{-1} \cdot mol^{-1}$，而根据热力学数据（P. W. Atkins，J. de Paula，*Physical Chemistry*，8th ed.，Oxford University Press，Oxford 2006，p. 995）计算的熵变为：$\Delta S = -145J \cdot K^{-1} \cdot mol^{-1}$。

问题

（1）能否用绝缘体代替金属来构成电极？

（2）这个答案对半导体（如硅）也适用吗？

---

❶ 测量 Daniell 电池的温度系数似乎是一种有效地获得反应熵的方法，因为这种电池反应的热力学数据是众所周知的。由于这个反应的反应熵非常小，研究人员认为 Daniell 电池提供了一种将反应焓完全转换为有用功的方法。在腐蚀性溶液中，铜电极表面常生成无定形态氧化层，锌电极的两性性质也增加了不确定性。因此腐蚀性溶液电池不是理想的研究对象。

❷ 活度系数为 $\gamma_{CuSO_4} = 0.467$，$\gamma_{AgNO_3} = 0.4$。

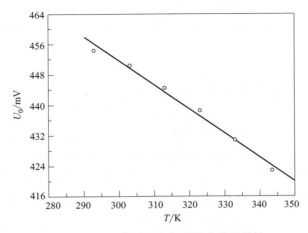

图 2.1 铜-银电池的电压对温度的依赖性

实验 2.2: 标准电极电位与平均活度系数

任务

（1）通过测量 $Ag/AgCl/HCl/H_2/Pt$ 电化学电池的电压，可以确定以下情况：

① 氯化银电极的标准电极电位；

② HCl 在水溶液中的平均活度系数。

（2）测量银离子电极的电极电位和 Fe^{2+}/Fe^{3+} 氧化还原电极的电极电位（都是浓度的函数）。

原理

根据定义，电极电势是测量被测电极和标准氢电极之间的电压的。如果两个电极都处于标准状态（即通过在室温下和控制合适的电极电位，使所有物质的活度均为单位活度），则电极电位为标准电位。可以通过实验测定标准电位，根据能斯特方程计算活性；反过来又可以确定几种热力学数据（例如平衡常数、活度系数）。

实验中需特别注意，要测量在零电流和无扩散电位时的电压，必须使用具有高输入阻抗的电压表。此外，还推荐使用韦斯顿（Weston）电池进行校准。

只有当氢电极和被测电极都浸泡在同一电解质溶液中时，才能完全避免扩散电位（电池中没有离子迁移现象发生；EC：108）。当电极中的电解质溶液不同时，应使用阴离子和阳离子迁移率相等的盐的电解质溶液填充盐桥，例如，KCl 或 HNO_3。

由于需要用氢气持续吹扫铂电极，氢电极的使用不太方便。因此，也可考虑其他具有稳定的、可重复的和明确的电极电位的电极来替代氢电极。其中，甘汞电极和氯化银电极使用最为广泛，它们的电极电位取决于作为电解质（第二类电极）的 KCl 浓度，并将各自的数值制成表格（R. Holze, *Landolt-Bornstein: Numerical Data and Functional Relationships in Science and Technology*, New Series, Group Ⅳ: Physical Chemistry, Volume 9A: Electrochemistry, Subvolume A: Electrochemical Thermodynamics and Kinetics, W. Martienssen, M. D. Lechner, Eds, Springer, Berlin, 2007）。

电极电位（在本章中始终处于平衡状态）和参与电极反应的物种活度之间的关系，可以通过能斯特方程给出：

$$E = E_0 + \left(\frac{RT}{nF}\right) \ln \prod_i a_i^{v_i} \qquad (2.8)$$

各组分活度连乘的积（$\prod_i a_i^{v_i}$）等于电极反应的平衡常数。固相的活度是一致的，同样的解释也适用于标准分压的气体。因此，从电极研究中可得出以下关系，即：

① Ag/Ag^+ 电极 ❶

$$Ag \Longleftrightarrow Ag^+ + e^- \qquad (2.9)$$

$$E_0\left(Ag/Ag^+\right) = E_{00}\left(Ag/Ag^+\right) + \frac{RT}{F} \ln a_{Ag^+} \qquad (2.10)$$

② Fe^{2+}/Fe^{3+} 电极

$$Fe^{2+} \Longleftrightarrow Fe^{3+} + e^- \qquad (2.11)$$

$$E_0\left(Fe^{2+}/Fe^{3+}\right) = E_{00}\left(Fe^{2+}/Fe^{3+}\right) + \frac{RT}{F} \ln \frac{a_{Fe^{2+}}}{a_{Fe^{3+}}} \qquad (2.12)$$

③ H_2 电极

$$H_2 \Longleftrightarrow 2H^+ + 2e^- \qquad (2.13)$$

$$E_0\left(H_2\right) = E_{00}\left(H_2\right) + \frac{RT}{2F} \ln \frac{a_{H^+}^2}{p_{H_2}} \qquad (2.14)$$

$$= E_{00}\left(H_2\right) + \frac{RT}{F} \ln \frac{a_{H^+}}{p_{H_2}^{0.5}} \qquad (2.15)$$

---

❶ 为了清楚地显示，常把识别电极的字符放在平排的括号里，而不是下角。

或者在$p_{H_2}=p_0$且E_{00}（H_2）$=0V$时：

$$E_0（H_2）=\frac{RT}{F}\ln a_{H+}F \tag{2.16}$$

④ Ag/AgCl 电极

$$Ag+Cl^-\Longrightarrow AgCl+e^- \tag{2.17}$$

$$E_0（Ag/AgCl）=E_{00}（Ag/AgCl）+\frac{RT}{F}\ln\frac{a_{AgCl}}{a_{Ag}a_{Cl^-}} \tag{2.18}$$

$$E_0（Ag/AgCl）=E_{00}（Ag/AgCl）-\frac{RT}{F}\ln a_{Cl^-} \tag{2.19}$$

基于电极电位测量的活度系数的计算需要标准电极电位，过程如下：

① 测量不同离子种类浓度下平衡电池电压的测量；

② 基于 Debye-Huckel 理论将数据拓展至 $c=0mol\cdot L^{-1}$（$\gamma=1$），以如下电池为例：

$$Ag/AgCl/HCl/H_2/Pt \tag{2.20}$$

电池反应为：

$$AgCl+1/2H_2\Longrightarrow Ag+H^++Cl^- \tag{2.21}$$

电池电压$U_0$❶ 可由以下公式求出：

$$U_0=E_0（Ag/AgCl）-E_0（H_2） \tag{2.22}$$

$$=E_{00}（Ag/AgCl）-\frac{RT}{F}\ln a_{Cl^-}\times\frac{RT}{F}\ln a_{H^+} \tag{2.23}$$

$$U_0-E_{00}（Ag/AgCl）=-\frac{RT}{F}（\ln a_{Cl^-}+\ln a_{H^+}） \tag{2.24}$$

基于$a_{HCl}^2=a_{H^+}a_{Cl^-}$，则有

$$U_0-E_{00}（Ag/AgCl）=-\frac{RT}{F}\ln a_{HCl}^2 \tag{2.25}$$

$$U_0-E_{00}（Ag/AgCl）=-\frac{2RT}{F}\ln a_{HCl} \tag{2.26}$$

由于$a_{HCl}=c_{HCl}\gamma_{HCl}$，则有

$$U_0-E_{00}（Ag/AgCl）=-\frac{2RT}{F}\ln（c_{HCl}\gamma_{HCl}） \tag{2.27}$$

---

❶ 这里忽略了由所使用的金属的功函数差异引起的接触电位差异。

$$U_0 - E_{00}（Ag/AgCl）= -\frac{2RT}{F}\ln c_{HCl} - \frac{2RT}{F}\ln \gamma_{HCl} \qquad （2.28）$$

根据德拜-休克尔（Debye-Huckel）理论 $\ln \gamma_{\mp} = -0.037 c^{0.5}$，则有

$$U_0 - E_{00}（Ag/AgCl）= -\frac{2RT}{F}\ln c_{HCl} + \frac{2RT}{F}0.037 c^{0.5} \qquad （2.29）$$

$$U_0 + \frac{2RT}{F}\ln c_{HCl} = E_{00}（Ag/AgCl）+ \frac{2RT}{F}0.037 c^{0.5} \qquad （2.30）$$

以 $c^{0.5}$ 为横坐标，$U_0 + \frac{2RT}{F}\ln c_{HCl}$ 为纵坐标作图，得到标准电极电势 E_{00}（Ag/AgCl）是与 y 轴的交点。

操作

化学品和仪器

稀硝酸（1∶1）

$0.1 mol \cdot L^{-1}$ $AgNO_3$ 水溶液

$0.1 mol \cdot L^{-1}$ KNO_3 水溶液

$0.1 mol \cdot L^{-1}$ $FeCl_3$ 在 $0.1 mol \cdot L^{-1}$ HCl 中

$0.1 mol \cdot L^{-1}$ $FeSO_4$ 在 $0.1 mol \cdot L^{-1}$ HCl 中

$3 mol \cdot L^{-1}$ HCl，在自动滴管中

具有 H_2 电极和 Ag/AgCl 电极的原电池

氢气供应（油箱、减压器、针阀）

氮气供应（油箱、减压器、针阀）

高输入阻抗伏特计

电流计（灵敏电流计）

韦斯顿电池

银电极

铂电极

甘汞电极

10 个 100mL 的测量瓶

标准电位和平均活度系数

设置

图 2.2 显示了电化学电池的设置。

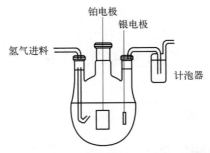

图 2.2　用于测定标准电位的电化学电池

步骤

① 稀释 3mol·L^{-1} 的 HCl 原液，制备以下溶液（各 10mL）：2mol·L^{-1}、1mol·L^{-1}、0.5mol·L^{-1}、0.1mol·L^{-1}、0.05mol·L^{-1}、0.01mol·L^{-1}、0.005mol·L^{-1}、0.001mol·L^{-1} 和 0.0005mol·L^{-1}。

② 从最稀的溶液开始，将原电池中充满其中一种溶液；氢气流量调整为每秒约 2 个气泡。

③ 必要时，用韦斯顿电池对电压表进行校准。

④ 根据活度和电极电位之间的对数关系，测定平衡电位时，步骤必须非常严谨。在记录数据前，电池电压必须恒定在 0.1mV 内。

数据评估

根据式（2.30），Ag/AgCl 电极的标准电位以图象方式确定。测定不同浓度下的电位值，绘成浓度与电位关系图（如图 2.3 所示）。

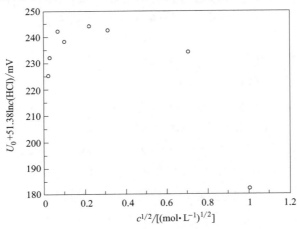

图 2.3　用于测定 Ag/AgCl 电极的标准电极电位的图

考虑到在较高浓度下电池电压变化太大，常用在低浓度下测得的电池电压进行外延推断，得出的 $E_{00}=0.225V$，文献值 $E_{00}=0.222V$。

根据此结果，盐酸的活度 a 和活度系数 γ 可以根据以下公式计算：

$$U_0 = E_{00}（Ag/AgCl）- \frac{2RT}{F}\ln a_{HCl} \qquad （2.31）$$

用显示的数据可计算得到，在最低浓度时 γ 值为 0.904，在最高浓度时 γ 值为 5。

电极电位的测定

设置

银电极是由银线浸入 $AgNO_3$ 水溶液中组成的，而作为第二（和参比）电极的饱和甘汞电极，通过一个充满 $0.1mol \cdot L^{-1}$ $KNO_3$❶ 水溶液的盐桥，与银电极相连。

将铂金电极浸入同时含有 Fe^{2+} 和 Fe^{3+} 离子的溶液中，建立一个氧化还原电极。饱和甘汞参考电极可以直接浸入该溶液。

参比电极总是连接到电压表的"低压""质量"或"接地"输入端，以便获得具有适当符号的电压和电位。

操作

（1）Ag/Ag^+ 电极

将母液稀释，分别配制浓度为 $0.05mol \cdot L^{-1}$、$0.02mol \cdot L^{-1}$、$0.01mol \cdot L^{-1}$、$0.005mol \cdot L^{-1}$、$0.002mol \cdot L^{-1}$ 和 $0.001mol \cdot L^{-1}$ 的 $AgNO_3$ 水溶液（每支 25mL）。用稀硝酸清洗银线，并用去离子水仔细冲洗后，将银线浸入硝酸银溶液中。从最稀的溶液开始，用高输入阻抗电压表测量与盐桥连接的饱和甘汞电极的电压。

（2）Fe^{2+}/Fe^{3+} 电极

在电池中，放置 25mL $0.01mol \cdot L^{-1}$ 的 $FeCl_3$ 的溶液，并用氮气吹扫。随后，依次加入 $0.5mol \cdot L^{-1}$、$1mol \cdot L^{-1}$、$5mol \cdot L^{-1}$、$10mol \cdot L^{-1}$ 和 20mL $0.01mol \cdot L^{-1}$ 的 $FeSO_4$ 水溶液；每次加入后，用氮气快速吹扫混合溶液。吹扫结束后，测量与饱和甘汞参考电极间的电压。为了获得低的 c_{ox}/c_{red} 值，从 25mL $0.1mol \cdot L^{-1}$ $FeCl_3$ 溶液开始，随后加入 $2.5mol \cdot L^{-1}$、$5mol \cdot L^{-1}$、$10mol \cdot L^{-1}$ 和 25mL $0.1mol \cdot L^{-1}$ $FeSO_4$ 水溶液。重复上述吹扫过程，进行测试。

---

❶ 必须避免氯离子污染硝酸银溶液；甘汞电极的多孔塞可能被氯化银沉淀堵塞。

数据评估

根据所测得的电池电压，计算并绘制电极电位与 $\lg c_{Ag^+}$ 或 $\lg\left(c_{Fe^{3+}}/c_{Fe^{2+}}\right)$ 的关系图。通过外推到 $\lg c = 0$ 来确定曲线的截距，并以此确定相应的标准电极电位。根据饱和甘汞电极的电位，确定银电极的标准电位：$E_{00} = 0.81\text{V}$。文献中的标准值 $E_{00} = 0.799\text{V}$。一系列的电池电压的测量点如图 2.4 所示。

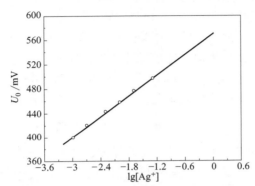

图 2.4　确定银电极标准电极电位的电池电压过程曲线图

问题

（1）解释术语"平均活度系数"。

（2）基于德拜-休克尔理论，描述计算平均活度系数的过程。

（3）解释术语"无传递的电池"。

（4）为什么需要无传递的电池来精确测定标准电极电位？

（5）讨论氢气压力（环境大气压力）变化引起的误差。

（6）使用此处介绍的方法时，必须考虑哪些系统误差？

（7）描述韦斯顿电池的设计。为什么它能保证电池电压恒定？

实验 2.3：　pH 测量与电位指示滴定法

任务

（1）玻璃电极和锑电极的校准曲线的说明；

（2）用玻璃电极校准 pH 计；

（3）用 KOH 对甲酸、乙酸、丙酸、氯乙酸和二氯乙酸进行电位指示滴定；根据滴定曲线确定各自的 pK_a 值[1]。

原理

在所有 pH 测量方法中，电位法是最重要的一种。从 pH 值的定义开始：

$$pH = -\lg a_{H^+} \tag{2.32}$$

显然，严格来说，pH 值测量是对单个离子活度的测定。但是，即使对于没有扩散电位的电池（见实验 2.2），也只能得到平均活度值。单个离子活度与平均活度仅在非常稀的浓度下相等（Debye-Huckel 区域）。因此，作为 pH 测量的标准，装置的质子选择电极由选定的缓冲溶液与氢电极一起组成。

H_2 电极/缓冲溶液/盐桥（$1mol \cdot L^{-1}$ KCl）/参比电极

缓冲溶液的 pH 值与被测电池电压和参比电极 E_{ref} 的电位有关：

$$pH = (U_0 - E_{ref}) / (2.303RT/F) \tag{2.33}$$

通过这种方式，建立了传统的 pH 值标度，即实际 pH 测量的基础。以这些标准缓冲液为参考，可以测定未知浓度溶液的 pH 值，此外带有 pH 敏感电极的电池电压对 pH 值的依赖性（所谓"电极函数"）也可以得到。

优选的 pH 敏感电极是玻璃电极、氢醌电极（EC：148）和一些金属氧化物电极（Sb 和 Bi 电极）。目前，最常用的电极是玻璃电极。最常规的构造是单个池体中包含两个电极（pH 敏感电极和参比电极）。但这两个电极的性质不可能完全相同。此外，灵敏度和零点（用装置内外具备相同 pH 值的溶液测得的电压）都会受到老化的影响。使用时，应该用至少两种不同的缓冲溶液进行校准。典型结果如图 2.5 所示。

对于精确测量，所用缓冲液的 pH 值应与未知溶液相似。通过校准，可以调整以 mV/pH 为单位的斜率或以％为单位的灵敏度（100％等于 Nernst 方程的理论值：59mV/pH）和零点（电压为 0 时的 pH 值，预计内外 pH 值相等）。此外，还必须考虑温度的影响。

由于活性和电极电位之间的对数关系，因此用于分析目标的定量浓度测量（例如，测定 HCl 溶液的浓度）不是非常精确。尽管如此，电位法仍可方便地用于指示滴定中的化学计量点[2]。此外，用于检测滴定溶液变化的电极称为指示电极，电极的选择取决于滴定类型。例如，在银量计中使用银电极；在氧化还原滴定中，铂或玻碳电极可能是合适的；在酸碱滴定中，玻璃电极是合适的。

---

[1]　一般的浓度平衡常数 K_c 是对酸解离的 K_a 进行修改和规定。
[2]　化学计量点的旧称为等当点。

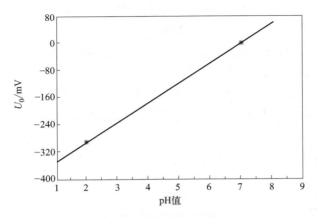

图 2.5　玻璃电极的校准曲线

化学计量点由电池电压中的大的变化（即指示剂和参比电极之间的电位差）表示。电池电压与添加的滴定溶液体积关系的特征曲线，在化学计量点处具有转折点（如果需要，通过绘制切线确定）。典型的结果如图 2.6 所示。

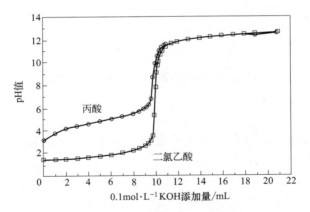

图 2.6　化学计量点和 pK_a 值的测定

在弱酸或中强酸的滴定过程中，由于中和产物形成的盐会发生水解，因此化学计量点不在 pH＝0 处。当最初存在酸的 50％被转化（即中和）时，滴定溶液包含等摩尔分数的盐和酸，相当于一个 pH 值明确的缓冲溶液。由滴定曲线确定该点对应的 pH 值，可根据下式确定解离常数 K_a：

$$HA \Longrightarrow H^+ + A^- \tag{2.34}$$

$$K_a = (a_{H^+} a_{A^-})/a_{HA} \tag{2.35}$$

$$-\lg K_a = -\lg a_{H^+} - \lg\left(\frac{a_{A^-}}{a_{HA}}\right) \tag{2.36}$$

当 $a_{A^-} \approx c_{盐}$，$\quad a_{AH} \approx c_{HA} \approx c_{酸}$，得到一个近似形式[1]：

$$-\lg K_a = pH \tag{2.37}$$

式（2.37）仅对弱酸有效，因为只有在不完全解离的情况下，形成的盐的活性才大约等于浓度，而未解离酸的部分将非常接近总酸浓度（和活性）。图 2.6 的数据表明二氯乙酸的 $K_a = 10^{-1.3}$；文献值（*Handbook of Chemistry and Physics*，86th ed.，p.8-42）$K_a = 10^{-1.29}$。丙酸的 $K_a = 10^{-4.8}$，文献值 $K_a = 1.4 \times 10^{-5}$（P. W. Atkins and J. de Paula，*Physical Chemistry*，8th ed.，Oxford University Press，Oxford，2006，p.1007）。

实施

化学品和仪器

标准缓冲溶液 pH＝9.18，6.86，4.01，1.68

乙酸、甲酸、丙酸、氯乙酸和二氯乙酸的水溶液（0.1mol·L⁻¹）

KOH 滴定水溶液（0.1mol·L⁻¹）

pH 计，玻璃电极，锑电极，饱和甘汞电极，玻璃烧杯 100mL，磁力搅拌板，磁力搅拌棒。

设置

在实验过程中，必须注意玻璃电极薄膜的机械敏感性。

记录校准曲线

① 测量电路的接线（将玻璃电极连接到 pH 计，安装锑电极和参比电极，并连接到设置为电压表模式的 pH 计）。

② 将缓冲溶液放入烧杯中，电极浸入溶液中，待数值稳定后记录电池电压。将缓冲溶液丢弃或将其放回储存容器中，但不要放回原瓶中。提示：在强酸性溶液中，锑电极不稳定。

用玻璃电极校准 pH 计[2]

① 将玻璃电极浸入 pH＝6.86 的缓冲液中。

② 设置范围为 0～14。

③ 将"灵敏度"调整为 100%（右限）。

④ 将温度设置调整为缓冲溶液中的实际值。

---

[1] 下标 HA 表示酸的未解离部分，酸是指加入溶液中的酸的总量。

[2] pH 计前板上的实际标签可能不同；相反，可能会发现一个不对称零点。

⑤ 使用"灵敏度"旋钮将显示的 pH 值精确调整至 pH＝6.86。❶

⑥ 仔细冲洗电极并更换缓冲溶液。

⑦ 新溶液 pH＝4.01 用于在 pH＜7 时进行测量，新溶液 pH＝9.18 用于在 pH＞7 时进行测量。（由于研究的是酸，因此使用 pH＝4.01。）

⑧ 使用"灵敏度"旋钮精确调节到 pH＝4.01。

⑨ 检查第三缓冲溶液。

弱酸的电位滴定

① 酸的浓度为 $c＝0.1 mol \cdot L^{-1}$。使用带有玻璃电极的校准 pH 计。

② 将 10mL 酸放入烧杯中，加入磁力搅拌棒，将烧杯放在磁力搅拌板上，将旋转速度调节到足够低以防止搅拌器撞击玻璃膜。以 1mL 的步骤添加 KOH（$0.1 mol \cdot L^{-1}$）溶液进行滴定。

评估

① 绘制校准曲线并确定以 pH 和 E_{SCE} 为横纵坐标的曲线斜率。讨论电极特性并估计测量精度。

② 绘制滴定曲线，如图 2.6 所示。确定酸转化率为 50% 时的化学计量点和 pH 值。

③ 计算 K 值并将其与文献数据进行比较。建立所有酸的结果表，并讨论酸强度、分子内键合类型和氯化酸文献数据偏差之间的关系。

以下校准曲线（图 2.7）是使用锑电极作为 pH 敏感电极，饱和甘汞电极作

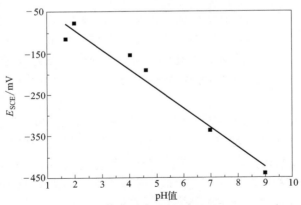

图 2.7 锑电极作为 pH 敏感电极的校准曲线

---

❶ 如果不进行适当的调整，玻璃电极可能会因干燥、膜损伤等而退化。如果玻璃电极中没有可见的损伤或缺乏溶液（一些玻璃电极可以重新填充），在 KCl（$3mol \cdot L^{-1}$）水溶液中延长浸泡时间可能会使电极再生。电极的使用说明书可以提供进一步的帮助。

为参比电极在各种成分的缓冲溶液中获得的。

53mV/pH 单位的计算灵敏度略低于 59mV/pH 单位的理论值。电极在低 pH 值下的不稳定性是显而易见的。

问题

（1）描述玻璃电极电池电压的建立。

（2）什么是传统的 pH 值？为什么建立 pH 值的概念？

（3）醌氢醌和锑电极上进行的是哪些电极反应？

（4）描述电位滴定的优点。

（5）什么是缓冲溶液？描述有代表性的酸性、中性和碱性缓冲系统。

实验 2.4：氧化还原滴定法（铈量法）

任务

样品溶液中 Fe（Ⅱ）离子的量应通过 Ce（Ⅳ）离子溶液和铂指示电极进行氧化还原滴定来确定。

原理

Ce（Ⅳ）离子是强氧化剂（$E_{00, Ce^{3+}/Ce^{4+}} = +1.44V$❶），可用作滴定剂（cerimetry）。由于它们的着色较弱，因此基于颜色变化检测化学计量点是不可行的。而使用由惰性电子传导材料（例如铂）制成的指示电极进行电位测定是可行的。观察到的滴定曲线显示：在化学计量点之前添加滴定溶液时，曲线几乎水平，而在化学计量点周围时曲线斜率很大，在化学计量点之后曲线又变为几乎水平。

指示电极的电位始终由参与的氧化还原离子在低滴定度（开始时）和高滴定度（过量的滴定剂）下的浓度（更准确地说是活性）决定。在第一种情况下（低滴定度），电位仅由待滴定离子的浓度控制，因为滴定剂本身仅以一种形式存在（加入的形式立即被均相氧化还原反应完全消耗），因此无法确定氧化还原电位本身。在滴定度为 0.5（化学计量点的一半）时，滴定剂的还原形式和氧化形式的浓度比为 1，因此 Nernst 方程中的浓度相关项消失。此时，指示电极的

---

❶ 参考书中发表的 E_{00} 值差异很大，本文给出的数值通过实验得到了验证。该值取决于电解质溶液的组成（"真实电位"）。

电极电位等于标准电位。在滴定度为 2 时（远远超过化学计量点），待测定的离子仅以其转换形式存在，导致它们无法建立氧化还原电位。当氧化型和还原型滴定剂的浓度相等时，Nernst 方程中的浓度依赖项再次消失，此时指示电极的电位等于滴定剂的标准电位。因此，在氧化还原滴定期间获得的滴定曲线可用于确定除浓度外更多的电化学数据。

实施

化学品和仪器

$0.01mol \cdot L^{-1}$ Fe^{2+} 水溶液

$0.01mol \cdot L^{-1}$ Ce^{4+} 水溶液

烧杯

滴定管

饱和甘汞参比电极

铂电极作为指示电极

高输入阻抗电压表

磁力搅拌机

磁力搅拌棒

设置

将含有未知浓度铁离子的溶液放入烧杯中，加入纯水和磁力搅拌棒。铂和甘汞电极放置在距搅拌棒安全距离处。参比电极连接到电压表的"低"输入端。

程序

添加少量铈离子溶液（最初为 0.5mL；接近化学计量点甚至更小）。在总体积等于化学计量点添加量的两倍时停止添加（滴定度 2）。

评估

典型的滴定曲线如图 2.8 所示。在滴定度为 0.5 时，指示电极显示 $E_{SCE} = 0.53V$；$Fe(Ⅱ)/Fe(Ⅲ)$ 氧化还原系统的文献值 $E_{SCE} = 0.53V$。在滴定度为 2 时，指示电极显示 $E_{SCE} = 1.12V$；$Ce(Ⅲ)/Ce(Ⅳ)$ 氧化还原系统的文献值是 $E_{SCE} = 1.2V$（注意从上面给出的标准氢电极的值到饱和甘汞标度值的转换）。观察到的偏差主要是由于电解质溶液的组成不同。

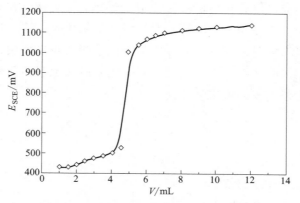

图 2.8　用 Ce（Ⅳ）离子（c= 0.01mol·L^{-1}）滴定 Fe（Ⅱ）
离子（5mL 溶液，　c= 0.01mol·L^{-1}）的滴定曲线

实验 2.5：差示电位滴定法

任务

采用差示电位滴定法和铂指示电极及 Ce（Ⅳ）离子氧化还原滴定法测定 Fe
（Ⅱ）离子的含量。

原理

Ce（Ⅳ）离子的水溶液是强氧化剂（$E_{00,\ Ce^{3+}/Ce^{4+}} = +1.44V$），由于与高
锰酸盐溶液相比，稳定性更高，因此是氧化还原滴定的首选试剂。然而它们的颜
色很淡，其颜色变化不足以检测化学计量点。添加固定体积的滴定溶液后观察到
的电池电压（由铂指示电极和参比电极组成的电池）随总体积的变化曲线如图
2.9 所示。

该图等效于相应滴定曲线的一阶导数，显示电池电压是添加的滴定剂体积的
函数（参见图 2.8）。图 2.9 中的最大值表示化学计量点。

在差示电位滴定中，该曲线是直接获得的（即没有微分）。具体操作为：将
两个相同材质的指示电极浸入溶液中，其中一个电极被毛细管包围；毛细管将滴
定溶液中由于滴定剂的加入而引起的变化保持在远离此指示电极的位置；该电极
保持其电位，此刻电池电压则对应于添加所产生的浓度变化；该电池是"浓差电
池"（EC：86；105）。在这个电池中，电池电压（电极电位差）不是由化学电池

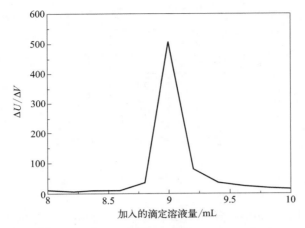

图 2.9　在电位滴定过程中，$\Delta U/\Delta V = f(V)$

反应产生的，而是由参与浓度的差异以及随后离子从活性较高的地方转移到活性较低的地方而产生的。随着毛细管内的活度 a'，达到化学计量点之前的电池电压由下式给出

$$U = E - E' = \frac{RT}{F} \times \ln \frac{a_{Fe^{3+}} \, a'_{Fe^{2+}}}{a_{Fe^{2+}} \, a'_{Fe^{3+}}} \tag{2.38}$$

电池电压完全由活性差异引起，任何与电极反应的标准电位相关的项都不复存在。如果在整个滴定过程中不更换毛细管内的溶液，则能获得正常的滴定曲线（见图 2.8）。添加滴定剂后，将毛细管内部的溶液与散装溶液混合，直接获得 $\Delta U/\Delta V$ 值。它在化学计量点显示最大值。

实施

化学品和仪器

　　$0.01 \, mol \cdot L^{-1}$ Fe^{2+} 水溶液
　　$0.01 \, mol \cdot L^{-1}$ Ce^{4+} 水溶液
　　铂电极差示电位滴定池
　　高输入阻抗电压表
　　滴定管
　　磁力搅拌机
　　磁力搅拌棒

设置

图 2.10 示意了该滴定池。毛细管中溶液的交换是通过按压橡胶球来实现的。

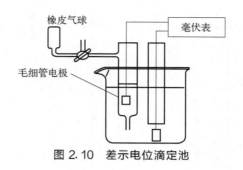

图 2.10　差示电位滴定池

步骤

① 向烧杯中的 10mL 含有 Fe（Ⅱ）（$c=0.01\text{mol}\cdot\text{L}^{-1}$）的样品溶液中加入水，直到浸没毛细管和指示电极。挤压橡胶球吹扫毛细管，赶走其中气体，并使其充满样品溶液。

② 将电极连接到电压表，打开电压表。

③ 加入滴定溶液，记录正常滴定曲线的数据。避免滴定溶液与毛细管中的溶液进行交换（或混合）。刚开始的滴加频率为每次 1mL；当接近化学计量点时，滴加的液体体积量要小一些；过化学计量点后，可以增加滴加的量。

④ 将毛细管内的溶液与烧杯中的大部分溶液交换，从而记录微分电位滴定曲线的数据。在每次添加滴定剂后，小心挤压和松开橡胶球，使毛细管的溶液与外界进行交换，直到电池电压达到最小值。按照前面相同的方法来调整加入的体积量。

⑤ 计算初始样品中 Fe（Ⅱ）的量。

评估

绘制两条滴定曲线并确定化学计量点。典型结果如图 2.11 所示。

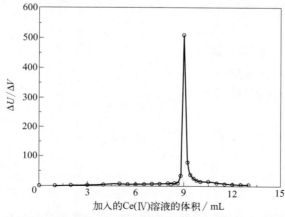

图 2.11　每次添加滴定剂更换溶液后的差示电位滴定曲线

比较该图与在无溶液交换的相同装置中获得的结果，该方法的优势会立即显现出来，如图 2.12 所示。

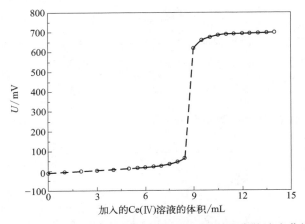

图 2.12　每次加入滴定剂后不更换溶液的差示电位滴定曲线

问题

（1）描述一个浓差电池。

（2）使用银量法开发一个差示电位滴定装置。

实验 2.6：草酸氧化动力学的电位测定

任务

在不同温度下，对草酸盐与高锰酸盐的均相氧化反应进行电位监测，以获得反应速率常数和活化能。

原理

草酸的氧化过程如下：

$$2MnO_4^- + 5C_2O_4^{2-} + 16H^+ \longrightarrow 2Mn^{2+} + 8H_2O + 10CO_2 \tag{2.39}$$

这是首次从阐明化学反应动力学定律角度进行研究的反应（参考牛津大学 Harcourt）。但是由于该反应是自催化的，因此研究的难度较大。

对于简单的自催化反应，

$$A \xrightarrow{k} B \tag{2.40}$$

设某物质 i 的初始浓度为 $c_{i,0}$；为简化后续积分，定义转化程度 x（在时间 t 转化的反应物总浓度的分数 x）如下：

$$\frac{\mathrm{d}x}{\mathrm{d}t} = k\,(c_{A,0} - x)\,x \tag{2.41}$$

在 $x = c_{A,0}/2$ 时，速率最大。在 $x = 0$ 时，速率为零。假设 B 的初始浓度（$c_{B,0}$）尽管很小，但是是有限的。式（2.41）修改为

$$\frac{\mathrm{d}x}{\mathrm{d}t} = k_1\,(c_{A,0} - x)\,(c_{B,0} + x) \tag{2.42}$$

进行 0 到 t 和 0 到 x 的双重积分则有

$$\frac{1}{c_{A,0} + c_{B,0}} \ln \frac{c_{A,0}\,(c_{B,0} - x)}{c_{B,0}\,(c_{A,0} - x)} = kt \tag{2.43}$$

$c_0 - c_t = x$，可以简化为

$$k = \frac{1}{t\,(c_{A,0} + c_{B,0})} \ln \frac{c_{A,0}c_{B,t}}{c_{B,0}c_{A,t}} \tag{2.44}$$

通过观察颜色变化可以让我们简单判断所谓的自催化作用。将该反应应用于草酸的定量分析中，初次加入高锰酸盐溶液后，未观察到脱色现象。实际上，可能是由于实验人员担心加过量而导致添加的量太少。等待几秒后，就会发生变色，随后在每次加入高锰酸盐溶液后都会迅速发生变色，直至达到化学计量点。在滴定反应中形成的 Mn^{2+} 可以起到催化剂的作用（自催化）。

通过观察到非常明显的粉红色消失进而可以很容易地观察到反应的进程，即使高锰酸盐的浓度较低时，也可以假设添加的高锰酸盐的转化已完成。更准确地说，就是转化已经进行到不能再用肉眼观察到（低）高锰酸盐浓度的状态。对于反应的检测，可以测量电极 MnO_4^-/Mn^{2+} 的氧化还原电位。氧化还原电极电位由下式给出

$$E_0 = E_{00} + \frac{RT}{zF} \ln \frac{a_{ox}a_{H^+}^8}{a_{red}} \tag{2.45}$$

在电极电位与时间曲线的评估中，我们研究了转折点（目视观察到的高锰酸盐已经完全转化）。在方程式（2.40）中，可将高锰酸盐视作物质 A，锰离子视作物质 B。电极电位从初始值 E_i 的变化到转折点处的值 E_t，可以与高锰酸盐和锰离子的浓度以及各自的浓度比相关：

$$\Delta E = E_i - E_t = E_{00} + \frac{RT}{zF} \ln \frac{a_{ox}a_{H^+,t}^8}{a_{red,i}} - E_{00} - \frac{RT}{zF} \ln \frac{a_{ox}a_{H^+,i}^8}{a_{red,t}} \tag{2.46}$$

假设加入的硫酸的 pH 值恒定，活度就近似等于小浓度下的浓度值。上式就可以简化为：

$$\Delta E = \frac{RT}{zF} \left[\ln(c_{ox,i}/c_{red,i}) - \ln(c_{ox,t}/c_{red,t}) \right] \tag{2.47}$$

或

$$\Delta E = \frac{RT}{zF} \ln \frac{c_{ox,\,i} c_{red,\,t}}{c_{ox,\,t} c_{red,\,i}} \tag{2.48}$$

变换方程

$$\ln \frac{c_{ox,\,i} c_{red,\,t}}{c_{ox,\,t} c_{red,\,i}} = \frac{\Delta E z F}{RT} \tag{2.49}$$

将式（2.49）插入方程式（2.44）中，则 k 可以通过下式获得

$$k = \frac{\Delta E z F}{RT t_{tp} (c_{ox,\,i} + c_{red,\,i})} \tag{2.50}$$

式中，时间 t_{tp} 是电位与时间图的转折点； $c_{ox,\,i} + c_{red,\,i}$ 等于最初添加的高锰酸盐浓度。

实施

化学品和仪器

0.01mol·L^{-1} 硫酸水溶液

0.01mol·L^{-1} KMnO$_4$ 水溶液

0.05mol·L^{-1} 草酸水溶液

铂电极

饱和甘汞电极

高输入阻抗电压表

恒温器

双壁测量单元（恒温器护套）

秒表

移液器 5mL

分级圆筒 100mL

设置

电极连接到电压表（甘汞电极到"低"铂电极再到"高"输入）；恒温器护套连接到恒温器。

程序

向恒温在 35℃ 的电池中加入 100mL 水、 5mL 硫酸和 5mL 高锰酸盐溶液。如果一切正常，将观察到约 0.9V 的电池电压。用移液管加入草酸，当添加了一半的所需体积时，启动秒表。初始的微小电位变化可以用较长的时间间隔记录；在转折点附近，记录的时间间隔应该变小，在电位下降之后，只需多记录几个值

即可。当值需要以非常短的时间间隔记录时，该实验应该在较高温度下重复。

评估

图 2.13 显示了不同反应温度下的典型电位与时间关系图。从时间 t_{tp} 到转折点，k 的值可以根据下式求出：

$$\Delta E z F / (RT) = \ln(c_{ox,i}/c_{ox,t}) = kt \qquad (2.51)$$

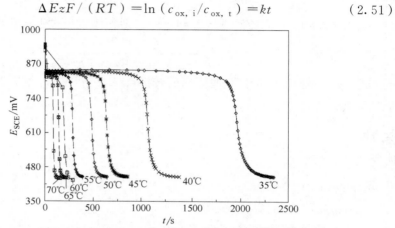

图 2.13　在酸溶液中记录的 KMnO$_4$ 氧化草酸的电位与时间曲线

从绘制的数据中，获得了以下速率常数：

T/℃	k/(L·mol^{-1}·s^{-1})	T/℃	k/(L·mol^{-1}·s^{-1})
35	41.7	55	270.7
40	76.6	60	389.6
45	125.3	65	534.7
50	163.2	70	867.8

由 Arrhenius 图（图 2.14）计算出 $E_a = 72 \text{kJ} \cdot \text{mol}^{-1}$ 的活化能。

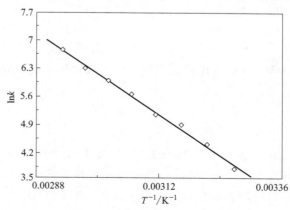

图 2.14　ln$k$ 与 T^{-1} 的 Arrhenius 图

参考文献

Logan，S. R. （1996）*Fundamentals of Chemical Kinetics*，Longman，Essex.

实验 2.7：极化与分解电压[1]

任务

确定 HCl 水溶液（$1.2 mol \cdot L^{-1}$）分解电压的温度依赖性以及 HBr 和 HI 分解电压的浓度依赖性。

原理

平衡电压 U_0 可采用静态方法（见实验 2.2）或动态方法对根据热力学数据计算的原电池或电解槽的温度进行实验测试。在第二种方法中，施加到电解槽的电压缓慢升高；对得到的测量电流与施加电压的关系曲线采用外推法，当 $I \to 0$ 时对应的电压 U_0 等效于分解电压 U_d。实验和计算之间的差异是由低电极反应（极化或过电压[2]）引起的；在卤素演变研究中，这些偏差并不显著。

自发反应的吉布斯能与电池电压之间的关系由下式给出：

$$\Delta G = -zFU_0 \qquad (2.52)$$

由于电解仅在施加外部电压时进行，即在 $G > 0$ 时，那么 G 和 U_0 之间的关系是：

$$\Delta G = zFU_0 \qquad (2.53)$$

利用吉布斯方程，反应的吉布斯能量 G，在确定 U_0 的温度依赖性后，可以获得反应的熵。

实施

化学品和仪器

$1.2 mol \cdot L^{-1}$ 盐酸水溶液

---

[1] 因为这个实验中存在很小的电流，严格地说，该实验内容应该属于下一章。因为目的是通过外推到电流为 0 来确定平衡状态下的热力学数据，所以实验似乎更适合放在这里。术语"分解电压"是一种语言上的妥协，是指电解液分解（即电解产物沉积）所需的最小电池电压。遗憾的是，"沉积电压"一词的情况也差不多。

[2] ΔU 是电池在电流为 0 时和在有限电流时的电压差 $\Delta U = U - U_0$。对于单个电极，以 η 为符号的过电位的定义方法相同：$\Delta E = E - E_0$。

溴化钾

碘化钾

氢

铂尖电极

镀铂丝网电极（用作氢电极）

可调电压源

微安计

恒温器

双壁测量单元（恒温套）

设置和步骤

① 在连接到恒温器并配备有电极的电化学电池中，如图 2.15 所示，在标准条件下测量 HCl 的 U_d（$a_{Cl^-}=1mol \cdot L^{-1}$，$p=1atm$，$a_{H^+}=1$）。

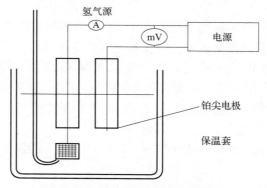

图 2.15 分解电压测量的实验装置

② 在电池中放置 75mL 盐酸溶液（1.2mol·L^{-1}），调整氢气气流使其在铂网电极周围保持恒定缓慢的气泡流，并将电池温度调节至 15℃。

③ 实验在 $U=0V$ 时开始，电压缓慢增加。（请同学们试解释在微安计上观察到的电流振荡现象。）当电压达到 $U=1.2V$ 时，停止增加。当电流下降到零，实际测量开始。电压以 0.02V 步长逐步升高，1min 后记录电流。当电流接近 $100\mu A$ 时，实验完成。

④ 在 $T=25℃$、35℃和45℃下重复测量。

⑤ 确定 0.1mol·L^{-1} 和 1mol·L^{-1} HBr 和 HI 溶液的 U_d。在 75mL 盐酸溶液中，加入 0.9g KBr（得到 0.1mol·L^{-1} 的 HBr 溶液）。完成测量后，再加入 8.1g KBr（最终浓度为 1mol·L^{-1} HBr 溶液），再次测量电流-电势关系。在刚配制的 HCl 溶液（1.2mol·L^{-1}）中，先加入 1.26g KI（形成 0.1mol·L^{-1}

HI），测量后再加入 11.34g KI（最终浓度为 1mol·L^{-1} HI）。如前所述，实际测量在 HBr 的 0.4 V 和 KI 的 0.8 V 处开始。如果这些电压下的电流太大，应在较低的初始值下开始记录。高于这些电压时，应在小步长（0.02V）增加电压后，再次记录电流。

评估

获得的电流-电位关系如图 2.16 所示。通过外推至零电流获得 U_d，假设 $U_d = U_0$，计算在零电流下， HCl 电解的吉布斯能量，根据

$$\Delta G = zFU_0 \tag{2.54}$$

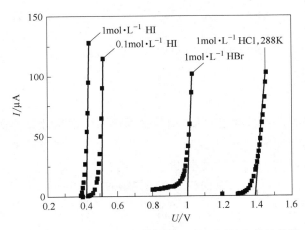

图 2.16 $T = 288K$ 时各种卤化物溶液的电流-电位曲线

$T = 288K$ 时的吉布斯自由能为 133.92kJ·mol^{-1}，$T = 298K$ 时的吉布斯自由能为 132.1kJ·mol^{-1}。文献中的数值为 131.23kJ·mol^{-1}。（P. W. Atkins and J. de Paula, *Physical Chemistry*, 8th ed., Oxford University Press, Oxford, 2006, p. 996）。

基于在高温下获得的 U_d 值，根据 $\partial U_d / \partial T$ 计算反应熵。为了更好地评价实验结果，应根据文献数据计算反应熵，并与实验获得的结果进行比较。此外，假设反应焓 ΔH 在所研究的温度范围内是恒定的。图 2.17 显示了 HCl 电解的典型数据。

根据 U_d（假设 U_d 等于 U_0）的温度系数 $\partial U_d / \partial T = -2mV·K^{-1}$，电解反应的熵可以由以下公式计算：

$$\Delta S = (-\partial U_d / \partial T) zF = 0.002zF = 192.97 J·K^{-1}·mol^{-1} \tag{2.55}$$

该结果与引用文献数据计算得到的 $\Delta S = 120.4 J·K^{-1}·mol^{-1}$ 有差异（EC：89，P. W. Atkins and J. de Paula, *Physical Chemistry*, 8th ed., Oxford University Press, Oxford, 2006, p. 996）。

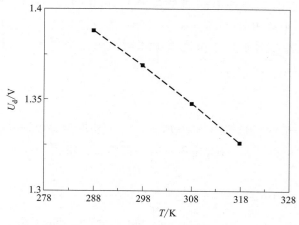

图 2.17 1.2mol · L^{-1} HCl 水溶液的 U_d

附　录

在许多情况下，实验确定的 U_d 值与根据热力学数据计算的值有很大差异。例如，水电解的计算值 $U_d=1.229V$。在实际电池中，即使使用铂电极和用硫酸酸化的水，也需要 $1.6 \sim 1.8V$ 的电压。电极反应为：

$$2H^+ + 2e^- \longrightarrow H_2 \tag{2.56}$$

$$H_2O \longrightarrow \frac{1}{2}O_2 + 2e^- + 2H^+ \tag{2.57}$$

实验观察到的此差异与相边界金属/溶液处的电子转移反应（以及其他次要原因）有关。在电荷转移不受阻碍的情况下，即基于非常快的电子转移反应，预计会出现如图 2.16 所示的电流-电位关系，其中 $U_d=1.229V$ 分解电压的电流可测，分解电压 U_d 可根据热力学数据计算。

如果在一个或两个电极上存在任意阻碍电荷转移的因素，则或多或少需要大的额外电压（过电压） $\eta = U - U_d$。在这种情况下，对电流-电势关系的评估不会产生有用的热力学数据。

电池中存在流动电流下的电极行为属于电极动力学的研究范畴。已经观察到氯析出反应 ［式（2.58）］ 几乎不受阻碍地进行，析氢反应 ［式（2.59）］ 则受到强烈阻碍，而析氢反应 ［式（2.60）］ 又几乎可以不受阻碍地进行：

$$2Cl^- \longrightarrow Cl_2 + 2e^- \tag{2.58}$$

$$H_2O \longrightarrow 2H^+ + \frac{1}{2}O_2 + 2e^- \tag{2.59}$$

$$2H^+ + 2e^- \longrightarrow H_2 \tag{2.60}$$

仅仅是因为氧释放缓慢，上述实验现象才可能发生。否则，从热力学角度来看，氧的释放应在氯的释放之前开始。

电极反应的速率（无论是阻碍还是加速）取决于电极材料。在产氢汞电极和用于析氯的铂片上电解盐酸的值是 $U_d = 2V$，且汞电极上的氢析出受到强烈阻碍。

尽管析氢动力学的阻碍已经很小，但为了避免其对观察到的电池电压产生不必要的影响，本实验不使用两个尺寸大致相等的光滑铂片，并将其中一个铂电极暴露在氢气泡流中的电极形式。相反，应该使用具有较大有效表面积的镀铂丝网电极作为氢电极，而具有仅几平方毫米表面积的光滑铂尖端用作氯电极的电极形式。由于电极的表面积小，所以只产生了非常小的电流（大约 $50\mu A$），这些电流几乎不影响具有较大面积的氢电极的电极电势。比电流更重要的是电流密度 j（$j = I/A$），过电位随着 j 的增加而增加。在本实验中，获得的电流-电位曲线主要由氯电极处的反应决定，因为氯电极的表面积相对较小，因此 j 较大。

氯电极式（2.61）由暴露于氯气流的 HCl 水溶液接触的铂电极组成。在标准条件下 [$a = 1mol \cdot L^{-1}$（近似 $c_{HCl} = 1mol \cdot L^{-1}$），$p = p_0 = 1atm$]，当 $U_d = 1.37V$ 时，相对于标准氢电极式（2.62）的电位差可根据反应式（2.63）的热力学数据计算。

$$2Cl^- \Longrightarrow Cl_2 + 2e^- \tag{2.61}$$

$$2H^+ + 2e^- \Longrightarrow H_2 \tag{2.62}$$

$$2Cl^- + 2H^+ \Longrightarrow Cl_2 + H_2 \tag{2.63}$$

参考文献

Bard, A. J. and Faulkner, L. R. (2001) *Electrochemical Methods*. John Wiley & Sons, Inc., New York.

问题

（1）简述术语"过电势"和"过电压"的含义。

（2）描述从电池电压测量到吉布斯能量和反应熵的过程。

（3）列出平衡电池电压静态和动态测量之间的差异。

（4）解释水和盐酸电解的电流-电位曲线。

实验 2.8：一种简单的相对氢电极

任务

氢参比电极由常用部件制成并测试。

原理

氢电极是一种电极，其中质子和氢（分子）根据反应方程式（2.64）建立电极电势：

$$H_2 \rightleftharpoons 2H^+ + 2e^-\qquad(2.64)$$

电极电势的实际值取决于质子活性和能斯特方程所得出的氢的压力。当两者都具有标准值时，标准氢电极电势 E_{SHE} 可以被观察到，则该电极电势可以作为电化学序列表中的参考点（见实验 2.1）。在电极电位的实验测定中（见实验2.2），氢电极常常被用作参比电极。然而处理氢气，特别是压缩气体时，需要精准确定质子的单位活度，这些使得选择氢电极似乎不太方便。但在酸性或碱性溶液中，使用氢电极就很便捷，因为不需要其他化学物质（如饱和卤化物溶液和其他金属如汞），只要通入氢气即可。一般来说，可以通过生成少量氢来实现，例如通过电解质溶液缓慢电解的方式来供氢。此处的结构设计建议是，用两条铂丝作电极，最终产生氢气的那条也用作参比电极（图 2.18）。

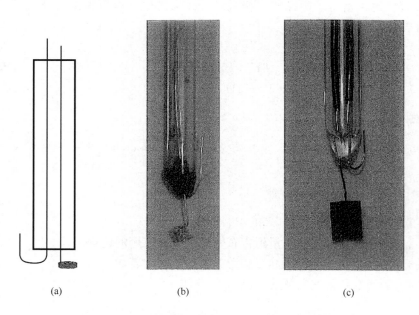

(a)   (b)   (c)

图 2.18　氢电极的示意图（a）和实施例（b）的照片
以及由吹玻璃机（c）制成的电极的照片

将玻璃管浸入电解液中，铂丝与电池的正极相连，较长的金属丝缠绕成螺旋状连接到负极。两个 D 型电池串联连接，通过插入大约 $15k\Omega$ 的电阻器，电流被限制在非常小的值。设置的负极是参考电极。

实施

化学品和仪器

> 玻璃管，长约 100mm，内径 6mm
> 一盘泡沫塑料
> 环氧树脂胶
> 六氯铂酸水溶液
> 各种 pH 值的含水试验溶液
> 铂丝
> 铜线
> 饱和甘汞电极
> 2 个 D 型碱性电池
> 15kΩ 电阻器

设置

　　将铂丝焊接到铜丝上，并穿过泡沫盘且不发生电接触。将泡沫盘推入经过仔细清洁和脱脂的玻璃管中几毫米。泡沫上方的自由体积（几毫米高）填充有环氧树脂。树脂凝固固化后，将长铂丝卷成线圈，短铂丝向上弯曲。如果可能的话，通过在六氯铂酸溶液中的短电解，将长丝涂上一层铂黑。这将显著增加真实表面积，从而在测试溶液中进行电解时降低实际电流密度，更快地建立稳定电势，并由于非稳态条件而产生误差。

步骤

　　将电极插入初次测试的溶液中，并如上所述开始电解。电极的负极连接到高阻抗电压表的低输入端，饱和甘汞电极（或另一参考电极）连接到高输入端。几分钟后建立稳定电压并记录。然后，用不同 pH 值的其他测试溶液，重复该实验。

评估

　　氢电极相对于饱和甘汞电极的电极电势与其 pH 值的函数如图 2.19 所示。在高 pH 值和低 pH 值下，数据与预期非常一致。

　　在中性 pH 附近，能观察到显著的偏差。这是由于在该 pH 范围内氢电极的交换电流密度非常低（EC：280），电极电位不稳定且不可重复地建立。因此，在该范围内，应谨慎使用氢电极（图 2.19）。

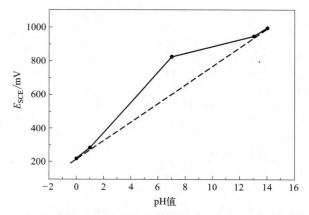

图 2.19　氢电极相对于饱和甘汞电极的电极电势与其 pH 值的函数

参考文献

Holze，R.（2003）*Chemkon*，10，87.

问题

为什么通常遇到的 RHE＝可逆氢电极的解释具有误导性，大概是无稽之谈?

3

有电流流动
的电化学

在前一章中，为使研究系统处于热力学化学平衡状态，在实验中采取了预防措施，尽量避免电流流动现象。而本章则专门研究电流流动导致的有显著变化的电化学过程和现象。首先介绍的是电解质溶液中存在电荷和物质传输的体系。其他如在分析化学或过程控制等领域使用到本章知识的内容，将在下一章讨论。另外，熔融或固体电解质体系中虽有许多非常适合该科学命题的实验，但考虑到实验装置往往复杂且昂贵，或者组装困难，这些实验未在本书展示。

在研究大量电解质溶液中的过程实验之后，介绍了电子传导物质（例如，金属）和离子传导物质（电解质溶液）之间的相边界处的过程测量的实验。由于一些观察到的过程和现象也将出现在后续章节，因此没有把这些实验归类在本章中。最后，尝试了一个任意实验归类原则，即本章主要收集涉及基本方面的实验，而涉及应用方面的实验则归结到以下各章。基于极谱法的实验组织特别困难，而这些实验都主要包括在第 4 章中。

Experimental
Electrochemistry

根据实验控制变量，电化学过程可以分为恒电位（设置电极电位）、恒电流（控制电流）和恒电量（控制电荷）过程。作为备选方案，也可以根据测量变量进行实验分类。如电位法（测量电极电位）、伏安法（测量作为电流的函数的电位，但也测量作为电极电位的函数的电流）、安培法（测量电流）、电导法（测量电解电导）和库仑法（测量消耗的电荷）。由于这两种实验分类方案都不是很完美，因此，以下程序和实验采用折中的分类方案。首先，实验分为研究现象主要存在于大部分电解质溶液体积中的那些实验和电极-溶液界面处的过程占主导地位的那些实验。其次，根据测量变量进行分类。

一些被优先应用于分析化学的过程实验，将在下一章讨论。

实验 3.1：电场中的离子运动

任务

研究了凝胶状电解质中离子的相关运动。

原理

在电场中，带电粒子被加速并向建立电场的两个电极之一运动，方向取决于粒子上电荷的符号。该加速力由颗粒在其中行进的介质的黏度引起的制动力抵消。当加速和制动效应处于平衡状态时，产生的速度 v 称为漂移速度。对于半径为 r_i 的离子

$$v = z_i e_0 e / (6 \pi \eta r_i) \tag{3.1}$$

这种运动可以容易地用有色离子或用有色指示剂检测的离子观察到。离子 i 的速度 v 与电荷数 z_i 及有效电场之间的关系称为离子迁移率 u_i：

$$v = u_i E \tag{3.2}$$

或者是更直接的形式：

$$u_i = v z_i / E = z_i e_0 / (6 \pi \eta r_i) \tag{3.3}$$

由于离子的迁移率取决于多个参数，部分参数是物质固有特性，因此这种移动可用于分析离子的分离。在电泳过程中，含待分析离子的物质沉积在载体上，而载体本身是黏性传输介质或包含该介质。在本实验中，滤纸是载体，浸在纸上的水是输送介质。在凝胶电泳中，交联聚丙烯酰胺凝胶既是载体又是传输介质。在惰性材料上，介质被喷涂为矩形形状，并在两个相邻边缘上连接制成电极。首先在标记的起始点沉积一滴分析物溶液，施加电压后（当使用流动离子和高导电介质或者导电不良的介质和低迁移率的离子时，电压范围可以从几伏到几千伏），离子开始移动。

有色离子可以用肉眼很容易观察到，其他离子在分离过程中和分离后的位置可以采用合适的指示剂显示。

实施

化学品和仪器

　　琼脂
　　氯化钾
　　KOH 稀释水溶液
　　盐酸稀释水溶液
　　$CuCl_2$ 稀释水溶液
　　酚酞醇溶液
　　带穿孔橡胶塞的 U 形玻璃管
　　2 个碳棒电极
　　电源

设置

　　将琼脂（质量分数 0.5%）、温水和一些 KCl 混合。溶液填充到 U 形玻璃管中，达到试管高度的三分之二。完成上述操作后，将含有酚酞醇溶液的稀 KOH 溶液，与琼脂溶液一起搅拌，然后加到阳极的隔室（图 3.1 左侧，琼脂之上）中。搅拌后，此截试管中应显示为指示剂的典型红色。将稀盐酸和含有一些指示剂的溶液进行搅拌后，加入另一试管（右侧）中。然后，将一些稀盐酸和 $CuCl_2$ 的稀溶液添加到右侧隔室中，而将等量的稀 KOH 溶液添加到左侧隔室内。在两个管中，安装了带有碳棒电极的橡胶塞；考虑到会发生气体逸出，因此塞子不应安装得太紧。电源是直流电压，设置如图 3.1 所示。

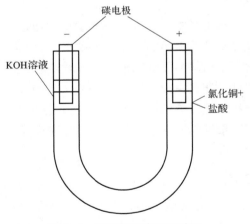

图 3.1　用于演示离子运动和离子迁移率差异的装置

步骤

　　施加直流电压几分钟后（实际时间取决于琼脂凝胶的电导），两个电极开始释放气体。此外，还可以观察到颜色的变化。随着铜离子从阳极移动到凝胶中，靠近阳极的凝胶的初始红色慢慢消失，并进一步延伸到凝胶中。而在另一个管中，颜色变为红色，这是碱性环境中使用的指示剂的典型颜色。

评价

质子（盐酸）和铜离子离开阳极移动到凝胶中。前者表现为 pH 指示剂的红色消失，而后者铜离子的存在表现为蓝色。由于红色的边界比蓝色的边界移动得更快，因此推论质子移动得更快。羟基离子则离开阴极，如 pH 指示剂红色的现象变化所示。不同颜色边界在一段时间（1～2h）后的移动现象对比与不同的离子迁移率密切相关。（H^+：36.23×10^{-4} $cm^2 \cdot s^{-1} \cdot V^{-1}$；$OH^-$：$20.64 \times 10^{-4}$ $cm^2 \cdot s^{-1} \cdot V^{-1}$；$Cu^{2+}$：$5 \times 10^{-4}$ $cm^2 \cdot s^{-1} \cdot V^{-1}$）。

实验 3.2：纸电泳

任务

观察高锰酸盐离子在简化纸电泳装置中的移动。

原理

在电场中，带电粒子的运动取决于其相对于其中一个电极的电荷。该过程（更多细节见实验 3.1）可用于分析测试。对于固定相为滤纸、凝胶的纸色谱或薄层色谱，离子导电相（电解质溶液）都用类似的方式进行固定。在带状带的短边处，连接由惰性材料制成的电极。向这些电极施加电压（实际值取决于固定介质和固定溶液的电导，范围从几伏到几千伏），并开始离子运动。离子所覆盖的距离根据其迁移率变化。它们的进展可以用有色离子看到，或者可以用合适的指示剂证明。

实施

化学品和仪器

高锰酸钾的小晶体

0.01mol $\cdot$ L^{-1} 氯化钾水溶液

显微镜玻片（27mm × 57mm）

滤纸

铝箔

电源

设置[1]

用胶带把铝箔粘贴固定在载玻片的短边上，留出一个和滤纸条接触的接触面。滤纸条放在载玻片和接触条上。滤纸浸泡有氯化钾溶液，然后粘在玻璃和箔上。在电极中间施加大约 7V 的直流电压并将 $KMnO_4$ 晶体放置在湿纸上。

程序

首先，痕量的高锰酸钾会溶解，并使深紫色晶体周围的环境着色。

很快就可以看到高锰酸根离子优先向阳极移动。纸张呈现褐色是由于纸张氧化形成 MnO_2。

实验 3.3：电解质溶液中的电荷传输

任务

（1）使用电导率测量电池测定电池常数 C。

（2）测定 HCl、NaCl、CH_3COOH 和 CH_3COONa 溶液电导率 κ 随浓度的变化关系及在无限稀释时的等效电导率（Λ_0）。

（3）计算乙酸的解离度 α 随浓度的变化，计算解离常数 K_c。

（4）电导法测定 $CaSO_4$ 水溶液的饱和浓度。

原理

盐、酸和碱（电解质）在强极性溶剂中会解离成溶剂化离子，这些离子是电荷移动的载体，从而产生溶液的离子电导 L。在溶液中，两电极相距 $d=1cm$，测量面积 $A=1cm^2$ 时所测得的电导称为电导率 κ（或电阻率 ρ 的倒数）。电导率与实验条件和材料特性相关。为了比较不同的电解质，而不是电导率，采用了摩尔电导率 $\Lambda_{mol}=\kappa/c$，再除以离子电荷数 z 可以得到等效电导率 $\Lambda_{eq}=\kappa/(cz)$。

$$\kappa=L \times \frac{d}{A} \tag{3.4}$$

因为电导测量池很少有上述精确的尺寸，因此在实际中，电导池通常是通过

---

[1] 在这个实验的变量中，小心地将 KCl 溶液滴到载玻片上，在电极之间形成一层水膜。晶体被置在薄膜的中间，离子向各个方向快速扩散，离子向电极迁移。此外，该简易装置经不起机械撞击，实验易被破坏。

测量 KCl 溶液的电导率κ_{lit}（下角 lit 为锂离子）校准得到。电池常数 C 则是根据公式 $C=\kappa_{lit}/L_{meas}$（下角 meas 表示测量）计算，等于实际电池的 d/A。在后续所有测量中，通过乘以 C 对电导率 L 进行修正。

在低浓度下，使用电池常数 C 计算电导率时，必须要考虑水的电导率κ_{wat}。修正后的电导率公式如下：

$$\kappa=(L_{sol}-L_{wat})C \tag{3.5}$$

在高浓度下，κ_{wat} 可以被忽略。将等效电导率 Λ_{eq} 与 $c^{1/2}$ 作图。从图中可以确定无限稀释时的等效电导率 Λ_0（外推至 y 轴）和科尔劳施常数 k。其中 k 的单位可以根据科尔劳施的平方根定律推导出来：

$$\Lambda_{eq}=\Lambda_0-kc^{1/2} \tag{3.6}$$

或

$$k=\frac{d\Lambda_{eq}}{d\sqrt{c}} \tag{3.7}$$

该定律不适用于弱极性电解液（未完全解离），因为其电导率取决于解离度 α，而解离度与溶液浓度相关。

$$\alpha=\frac{\Lambda_{eq}}{\Lambda_0} \tag{3.8}$$

以乙酸为例，各物种的浓度与乙酸总浓度 c_0 相关（$c_{H^+}=c_{Ac^-}=\alpha c_0$，$c_{HAc}=(1-\alpha)c_0=c_{HAc,\,undiss}$，下角 undiss 表示未溶解）。根据奥斯特瓦尔德稀释定律可以计算得到解离常数 K_c：

$$K_c=\frac{\alpha^2 c_0^2}{(1-\alpha)c_0}=\frac{\alpha^2 c_0}{1-\alpha} \tag{3.9}$$

对于弱极性电解液，其 Λ_{eq}-$c^{1/2}$ 图不是一条直线。这是因为解离常数 α 受溶液浓度影响，外延获得的 Λ_0 是不准确的。因为 Λ_0 是阴离子和阳离子电导率之和，因此$\Lambda_{0,\,CH_3COOH}$ 可以由以下式子计算得到：

$$\Lambda_{0,\,HCl}=\lambda_{0,\,H^+}+\lambda_{0,\,Cl^-} \tag{3.10}$$

$$\Lambda_{0,\,NaCl}=\lambda_{0,\,Na^+}+\lambda_{0,\,Cl^-} \tag{3.11}$$

$$\frac{\Lambda_{0,\,CH_3COONa}=\lambda_{0,\,Na^+}+\lambda_{0,\,CH_3COO^-}}{\text{Eq.（3.10）}-\text{Eq.（3.11）}+\text{Eq.（3.12）}} \tag{3.12}$$

$$\Lambda_{0,\,HCl}-\Lambda_{0,\,NaCl}+\Lambda_{0,\,CH_3COONa}=\lambda_{0,H^+}+\lambda_{0,\,CH_3COO^-}=\Lambda_{0,\,CH_3COOH} \tag{3.13}$$

实施

化学品和仪器

$0.1\,mol\cdot L^{-1}$ 盐酸、氯化钠、氯化钾、乙酸和乙酸钠水溶液

硫酸钙饱和水溶液

电导率测量池

RCL 测量电桥或电导仪

设置

可以使用 RCL 电桥或电导仪测量电池电阻。使用电导仪测量不需要进行电阻到电阻率的转换。

使用 RCL 电桥测量电阻时，测试条件为 1000Hz。因为电解液的电导率与温度有关，因此必须测量样品的温度。测量过程中，应首先在低灵敏度下（指示仪上的最小读数）调节电桥平衡，并且为了尽可能精确地测量电池电阻，需要在高灵敏度下重复这一过程。

步骤

（1）电池常数 C 和纯水电导率的测定

用水冲洗测量电池，直至获得稳定的电阻值[1]。首先测定 $0.01 \text{mol} \cdot \text{L}^{-1}$ KCl 溶液的电阻，然后根据 $L = 1/R$ 计算电导率 L。根据文献中 KCl 溶液的电导率值 κ_{KCl}（如果文献中没有实验温度下的电导率数据，则可以通过插值法计算），可以根据下式计算得到电池常数。

$$C = \kappa_{KCl}/L_{meas} \qquad (3.14)$$

（2）浓度-依赖型电导率的测试

测定以下几种电解质溶液的电导率：

① HCl，NaCl，NaAc

$$c = 10^{-2} \text{mol} \cdot \text{L}^{-1}, \quad 5 \times 10^{-3} \text{mol} \cdot \text{L}^{-1}, \quad 10^{-3} \text{mol} \cdot \text{L}^{-1},$$
$$5 \times 10^{-4} \text{mol} \cdot \text{L}^{-1}, \quad 10^{-4} \text{mol} \cdot \text{L}^{-1}$$

② HAc

$$c = 10^{-1} \text{mol} \cdot \text{L}^{-1}, \quad 5 \times 10^{-2} \text{mol} \cdot \text{L}^{-1}, \quad 10^{-2} \text{mol} \cdot \text{L}^{-1},$$
$$10^{-3} \text{mol} \cdot \text{L}^{-1}, \quad 10^{-4} \text{mol} \cdot \text{L}^{-1}$$

溶液由母液稀释配制而成，测量时从最低浓度的溶液开始。

③ $CaSO_4$ 饱和水溶液稀释 10 倍

测量溶液的电导率、浓度和温度。

评价

本实验包括计算电池常数 C，绘制等效电导率 Λ_{eq} 与浓度 $c^{1/2}$ 的图（科尔劳

---

[1] 在后续章节中，假设使用 RCL 电桥测量。

施平方根定律，图 3.2），通过外延确定 Λ_0。而对于乙酸，则计算解离度 α 和解离常数 K_c，并将其绘制为浓度的函数，如图 3.3 所示。

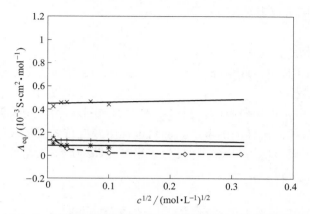

图 3.2　根据科尔劳施平方根定律绘制的等效电导率典例
（图中 c 为浓度，Λ_{eq} 为等效电导率）

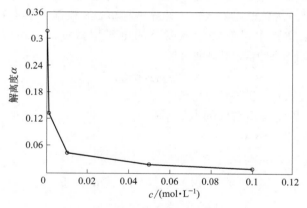

图 3.3　解离度 α 关于浓度 c 的函数图

根据下式，可以通过测试 $CaSO_4$ 稀溶液的电导率来计算浓度。

$$c \approx \frac{\kappa}{\Lambda_0} \tag{3.15}$$

考虑到稀释了 10 倍就可以得到饱和浓度。在经典实验中，电导率 $\kappa = 2.99 \times 10^{-4} \text{S} \cdot \text{cm}^{-1}$。根据纯水的电导率和 $\Lambda_{0,\ CaSO_4}$ 的值，可以计算得到 $CaSO_4$ 稀溶液的浓度 $c = 1.074 \times 10^{-4} \text{mol} \cdot \text{L}^{-1}$；$CaSO_4$ 溶液的饱和浓度 $c = 10.74 \times 10^{-3} \text{mol} \cdot \text{L}^{-1}$。这与目前文献所报道的数值相符，即 $1.46 \text{g} \cdot \text{L}^{-1} CaSO_4$ 或 $1.84 \text{g} \cdot \text{L}^{-1}$ 石膏（$CaSO_4 \cdot 2H_2O$）。但计算的电导率 $L = 11.5 \times 10^{-5}$ 与文献中的数值差异较大，例如文献中 $L = 4.93 \times 10^{-5}$（*Handbook of Chemistry and*

Physics，86th edition，pp. 8-118）。这是因为文献中的数值是基于吉布斯能量计算的，并没有考虑到实际实验中溶液里存在非理想现象。

溶度积 $L=2.4\times10^{-5}$ 时，溶液浓度 $c=4.9\times10^{-3}\,mol\cdot L^{-1}$（*Handbook of Chemistry and Physics*，86th edition，pp. 8-118：$L=4.93\times10^{-5}$）。

参考文献

Wright，M. R.（2007）*An Introduction to Aqueous Electrolyte Solutions*. John Wiley & Sons，Inc.，Chichester.

问题

（1）为什么在电导率测量中使用交流电？

（2）为什么在大多数电解质中电导率随浓度变化的曲线有一个最大值？

（3）去离子水和超纯水的电导率有多大？怎么根据水中的离子计算其电导率？

（4）在本章节的实验中是否要考虑这种电导率？如果考虑的话，如何计算？

（5）如何解释电导率的温度依赖性？

（6）是否可以将观测值 Λ_0 分离为阳离子和阴离子的贡献？如果可以的话，具体为多少？如果不能的话，还需要哪些额外的信息？

（7）测量的电导率是否受搅拌的影响？

（8）在什么条件下电解质溶液的行为与欧姆电阻器相似（电导测量池）？

实验 3.4：电导滴定法

任务

采用电导指示滴定法测定各种强电解质、弱电解质溶液的组成。

原理

电解质溶液的电导率受带电离子浓度的影响。例如，当滴定过程中溶液的浓度发生变化时，溶液中某个组分与滴定剂之间会发生化学反应，从而引起电导率的改变。这种改变可用于检测滴定中的化学计量点（EC：73）。由于许多滴定剂都是电解质溶液，其本身对电解电导率就有贡献，因此这种方法并不完美或存在误差。当参与反应的离子等效电导率$\lambda_0^\pm$相差很大时，这种情况就会发生改变。在酸碱滴定的情况下，高电导率的质子会被中和消耗，并且被低电导率的阳离子所取代。超过化学计量点后，加入过量的高电导率OH^-，溶液的电导率会迅速增加。根据加入滴定剂溶液（示例为碱性溶液）的电导率与体积的图，可以很容易地在曲线的最小值处确定化学计量点。

实施

化学品和仪器

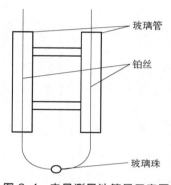

图 3.4　电导测量池简易示意图

（图中标注：玻璃管、铂丝、玻璃珠）

$1mol \cdot L^{-1}$ 盐酸、氢氧化钾、乙酸和乙酸钠水溶液

自动滴定管

250mL 烧杯

25mL 移液管

100mL 测量瓶

电导测量池（图 3.4）

电导仪

磁力搅拌板

磁力搅拌棒

设置

因为不测试绝对电导率值，只记录其相对变化，因此可采用如图 3.4 所示的简化电导测量池。

步骤

① 记录以下样品的滴定曲线：

样品（各 5mL，$1mol \cdot L^{-1}$）	滴定溶液（$1mol \cdot L^{-1}$）
HCl	KOH
CH_3COOH	KOH
$HCl + CH_3COOH$	KOH
CH_3COONa	HCl

在烧杯中加入 5mL 的样品，不断搅拌，加水直至铂丝完全浸没。

开启电导仪，选择适宜的量程，为简化计算，滴定过程中不要改变量程。

加入滴定剂，每次加入 0.5mL。

② 测定未知样品中 HCl 和 CH_3COOH 的含量。

向测量瓶中加水至刻度。

取 20mL 溶液，用 1mol/L KOH 溶液滴定。

评价

绘制滴定曲线（图 3.5）并确定化学计量点。

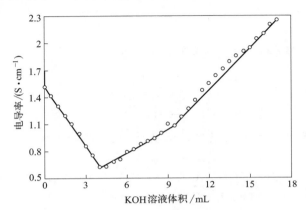

图 3.5　未知浓度的乙酸和盐酸溶液的典型滴定曲线

（滴定剂为 1mol · L^{-1} KOH 溶液）

计算未知样品中 HCl 和 CH_3COOH 的含量。

在 V_{KOH}＝4.14mL、9.5mL 时，可观察到转折点。盐酸的质量为：

$$m_{HCl}=5V_{KOH}c_{KOH}M_{HCl}=5 \times 4.14 \times 10^{-3} \times 1 \times 36.458=0.754 \text{（g）}$$

初始质量为 0.73g。乙酸的质量为：

$$m_{HAc}=5V_{KOH}c_{KOH}M_{HAc}=5 \times 5.36 \times 10^{-3} \times 1 \times 60.1=1.61 \text{（g）}$$

因此样品中最初有 1.5g 乙酸。

参考文献

Atkins，P. W. and de Paula，J.（2006）*Physical Chemistry*，8th ed，Oxford University Press，Oxford，p. 1019.

Wright，M. R.（2007）*An Introduction to Aqueous Electrolyte Solutions*. John Wiley & Sons，Inc.，Chichester.

问题

（1）考虑滴定反应和离子电导率的情况下，滴定曲线是怎样的？

（2）等电导率指示法对沉淀滴定可行吗（如用 K_2SO_4 滴定 $BaCl_2$，用 $AgNO_3$ 滴定 KCl）？预期的滴定曲线是怎么样的（与实验 4.4 相比）？

（3）等电导率滴定法适用于滴定弱酸弱碱吗？为什么？

实验 3.5：化学组成与电解液电导

任务

采用电导法研究一种脂肪族硝基化合物的异构组成。

原理

根据分子式，硝基乙烷（$CH_3—CH_2NO_2$）不含酸性质子，因此其水溶液的电导率很低。在加入氢氧化钠后，硝基乙烷会像酸一样与之反应，生成相应的盐。

$$CH_3—CH_2NO_2 \longrightarrow CH_3—CH=NOOH \qquad (3.16)$$

$$CH_3—CH=NOOH+NaOH \longrightarrow CH_3—CH=NOONa+H_2O$$

$$(3.17)$$

第二个反应［式（3.17）］是一个中和反应，因此反应非常快。第一个反应的速率目前仍不清楚。通过简单的装置测量（见实验 3.4），可以估算与时间相关的电解电阻或电导率。电阻缓慢增长，表明异构化反应速度慢，而伴随着 NaOH 的消耗，发生中和反应，电池的电阻迅速增加。

向反应后的溶液中加入盐酸，可能发生如下反应：

$$CH_3—CH=NOONa+HCl \longrightarrow NaCl+CH_3—CH=NOOH \quad (3.18)$$

$$CH_3—CH=NOOH \longrightarrow CH_3—CH_2NO_2 \qquad (3.19)$$

其次，电池电阻的时间依赖性测量可以揭示两个反应的相对速率。因为钠盐与 HCl 的反应是离子型的，所以它的反应速度很快，会很快产生恒定浓度的 NaCl 和相应的电池电阻。而异构化反应则要慢得多，因此电池电阻会随着反应时间缓慢增长。

实施

化学品和仪器

10mL 0.1mol·L^{-1} 硝基乙烷水溶液

10mL 0.1mol·L^{-1} 氢氧化钠水溶液

10mL 0.1mol·L^{-1} 盐酸

电导测量池

电导仪

用于冷却反应混合物的低温恒温器或其他装置

设置

见实验 3.4。

步骤

将 10mL 浓度为 0.1mol·L^{-1} 的硝基乙烷水溶液和 10mL 浓度为 0.1mol·L^{-1} 的氢氧化钠水溶液在 0℃下混合，每隔 1min 测量一次电池的电阻（或电导）。当达到恒定值后，将混合物加热到 25℃，加入 10mL 浓度为 0.1mol·L^{-1} 的盐酸。同样，以 1min 为间隔测量电池电阻。为了进行比较，最后将 10mL 浓度为 0.1mol·L^{-1} 的氢氧化钠水溶液、10mL 浓度为 0.1mol·L^{-1} 的盐酸和 10mL 水混合，测量电池电阻。

评价

绘制滴定曲线（图 3.6）并确定化学计量点。

$$CH_3-CH_2NO_2 \Longrightarrow CH_3-CH=NOOH \tag{3.20}$$

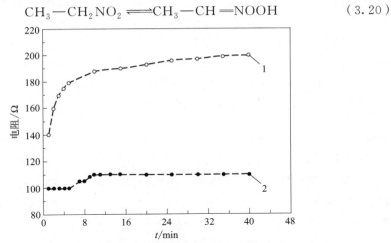

图 3.6　硝基乙烷与钠反应过程中电池电阻的时间依赖性

1—与 HCl 的反应；2—10mL 0.1mol·L^{-1} Na OH 水溶液、10mL 0.1mol·L^{-1} 盐酸和 10mL 水的混合溶液，电阻 $R=107\Omega$

实验 3.6：法拉第定律

任务

测量电极的电解转化率。

原理

能斯特认为，电子导电相和离子导电相的组合称为电极（例如铜棒和硫酸铜溶液），两个电极的结合形成一个电化学电池。当电流流经这些电极（相位边界）时，会发生化学反应，进而使离子和电子传导相互连接。电子从电极流入外部电路是由于电解质溶液组分或电极材料（例如金属）本身会释放电子。相应地，溶液中的阴离子发生氧化反应的电极称为阳极。

对于另一个电极，电子从电极材料转移到电解质溶液中，发生还原反应，这个电极称为阴极。例如，金属阳离子的还原，这些金属阳离子可由电解质溶液提供。

对电解过程中质量变化进行详细分析，法拉第首次发现质量的变化与转移的电荷成正比，这也被称为法拉第第一定律。电解池可以串联，但需要足够大的电压来保证电解池的正常运行。所有电池的电荷量相同，电池组成不同，反应过程也就不同。例如，实验中观察到阴极沉积的氢、铜和银的质量比为 $m_H : m_{Cu} : m_{Ag} = 1 : 31.8 : 107.9$，这相当于摩尔质量与离子电荷数 z 的比值为 $(2/2) : (53.6/2) : (107.9/1)$。这些商也被称为等效权重。这种关系在法拉第第二定律中表述为：不同电解质发生电化学反应会形成不同物质，其质量与各自的摩尔质量除以离子电荷数（也称为离子的当量摩尔质量）成正比。

消耗的电荷 Q 取决于电解时间和电流：

$$Q = tI \tag{3.21}$$

当电解质溶液释放质量为 m（g）的离子时，离子的物质的量为 $n = m/M$（其中 M 为摩尔质量），消耗电子的物质的量为 $(m/M)z$，消耗的电子的个数为 $(m/M)zN_A$（z 为离子电荷数）。则 1mol 电子所带总电量为一个电子所带电量 q_e（有时也称为 e_0）与阿伏伽德罗常数的乘积：

$$N_A q_e = N_A e_0 = 96484 \text{A} \cdot \text{s} \cdot \text{mol}^{-1} = 96484 \text{C} \cdot \text{mol}^{-1} \tag{3.22}$$

这个值也称为法拉第常数（F）。

则法拉第第一定律可表达为：

$$m = It \left[M/(zF) \right] \tag{3.23}$$

法拉第第二定律表达为：

$$m_1/m_2 = (M_1/z_1)/(M_2/z_2) \tag{3.24}$$

在早期的电力分配中，这些方程被用来测量通过电路的电荷，同时也发明了库仑计，这也是当今电表的前身，最初也被称为斯蒂亚计数器，目前仍在使用，可以用于监测设备的运行时间。

实施

化学品和仪器

10%（质量分数）K_2SO_4 水溶液

$1mol \cdot L^{-1}$ $CuSO_4$ 水溶液

$1mol \cdot L^{-1}$ $AgNO_3$ 水溶液

100mA 恒流电源

万用表

氢氧库仑计 ❶

2 个铜电极

银电极

铂电极

设置

图 3.7 为设置的示意图。如果可以精确地测定气体含量，则可以使用电解水的装置代替氢氧库仑计。

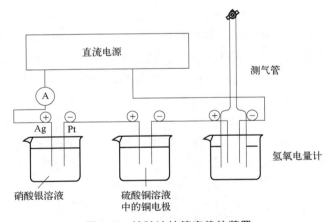

图 3.7　检验法拉第定律的装置

步骤

① 确定金属电极的质量，调整测气管水平为 0。

② 根据示意图组装电池，通入 100mA 电流 20min 以上。

测定氢氧气体的量；取出电池的电极，小心冲洗，干燥，并称重。

---

❶　有时也称为燃烧气体电量计。

评价

根据法拉第定律，计算转换或沉积的质量，并与自己的实验结果进行比较。

实验 3.7：酯类皂化动力学

任务

采用电导率测定化学反应的反应速率、活化能和阿伦尼乌斯方程中的指前因子。

原理

实验测定乙酸乙酯碱性酯皂化反应的速率常数 k 及其对温度的依赖性。反应方程式为：

$$CH_3CO_2C_2H_5 + K^+ + OH^- \xrightarrow{\ k\ } CH_3CO_2^- + K^+ + C_2H_5OH \quad (3.25)$$

在本实验中，我们首先混合等物质的量（mol）的乙酸乙酯和氢氧化钾。在反应过程中，氢氧根离子被消耗，同时生成乙酸根离子，而钾离子的浓度保持不变。由于前两种离子具有明显不同的等效电导率，因此可以通过测量反应混合物的电导率来监测反应进程。通过测量 $\kappa = \kappa(t)$，可以计算出反应的速率常数 k。

基于公式（3.43）（见下文）处理数据，并作 $1/[\kappa_0 - \kappa(t)]$ 与 $1/t$ 的图。曲线的斜率为反应速率 k。测定不同温度下的 k，可以根据阿伦尼乌斯方程绘图，进而计算反应的活化能和指前因子。

t 时刻下的电导率为 $\kappa = \kappa(t)$，其中 $t = 0$ 时电导率为 κ_0。

$$\kappa = \kappa_0 - 消耗的离子的电导率 + 新生成的离子的电导率 \quad (3.26)$$

离子的电导率贡献为：

$$\Lambda_{eq} = \lambda_+ + \lambda_- = \kappa/(zc) \quad (3.27)$$

式中，$z = 1$；c 的单位为 $mol \cdot cm^{-3}$。

$$\kappa_{OH^-} = \lambda_{OH^-} c_{OH^-} \quad (3.28)$$

$$\kappa_{Ac^-} = \lambda_{Ac^-} c_{Ac^-} \quad (3.29)$$

根据反应方程式，消耗的氢氧根离子的浓度等于生成的乙酸根离子的浓度。它可以由下式给出：

$$\Delta c = c_0 - c \qquad (3.30)$$

式中，c_0 为初始浓度；c 为 t 时刻的浓度，$mol \cdot L^{-1}$。式（3.26）~式（3.30）还可以表示为：

$$\kappa = \kappa_0 - \Delta c \lambda_{OH^-} \times 0.001 + \Delta c \lambda_{Ac^-} \times 0.001 \qquad (3.31)$$

或

$$\Delta c = \frac{\kappa_0 - \kappa}{(\lambda_{OH^-} - \lambda_{Ac^-}) \times 0.001} \qquad (3.32)$$

此处浓度值（$mol \cdot L^{-1}$）换成电导率中所用浓度值（$mol \cdot cm^{-3}$）的转换因子通常为 0.001。因为在反应过程中离子的总浓度没有明显变化，因此我们假设等效电导率保持不变，则方程可以简化为：

$$(\lambda_{OH^-} - \lambda_{Ac^-}) \times 0.001 = A \qquad (3.33)$$

然后与方程式（3.31）结合，得：

$$\Delta c = \frac{\kappa_0 - \kappa}{A} \qquad (3.34)$$

根据下式，碱性酯皂化反应是二级反应：

$$A + B \longrightarrow C + D \qquad (3.35)$$

式中，A 是乙酸乙酯；B 是氢氧根离子；C 是乙酸根离子；D 是乙醇。当化学计量数为 1 时，反应速率为：

$$v = -\frac{dc_A}{dt} = kc_A c_B \qquad (3.36)$$

因为：

$$c_A = c_B = c_{OH^-} = c \qquad (3.37)$$

式（3.36）可以简化为：

$$v = -\frac{dc}{dt} = kc^2 \qquad (3.38)$$

或

$$-\frac{dc}{c^2} = k \, dt \qquad (3.39)$$

从 $t = 0$ 到 t 积分

$$-\frac{1}{c} + \frac{1}{c_0} = -kt \qquad (3.40)$$

在 t 时刻，以起始浓度 c_0 消耗的浓度 Δc 为：

$$\Delta c = c_0 - c$$

将式（3.40）代入，整理可得：

$$\Delta c = c_0 \left(1 - \frac{1}{1 + c_0 kt}\right) \qquad (3.41)$$

根据 k 和 κ 的关系，可以得到反应速率常数 k。结合式（3.34）和式（3.41）可得：

$$\frac{\kappa_0 - \kappa}{A} = c_0 \left(1 - \frac{1}{1 + c_0 kt}\right) \qquad (3.42)$$

设 $B = A c_0$，重新整理得：

$$\frac{1}{\kappa_0 - \kappa} = \frac{1}{c_0 ktB} + \frac{1}{B} \qquad (3.43)$$

以 $1/(\kappa_0 - \kappa)$ 对 $1/t$ 作图，常数 $1/B$ 为截距。根据直线的斜率 $1/(c_0 kB)$ 可以计算得到 k。

实施

化学品和仪器

0.125mol·L^{-1} 乙酸乙酯水溶液

0.125mol·L^{-1} KOH 水溶液

电导仪

电导测量电极

恒温器

磁力搅拌器

磁力搅拌棒

带水套的测量池

停表

移液管

温度计

步骤

程序电导测量池的电池常数按实验 3.3 确定。向测量池中导入 90mL 超纯水，然后加入 10mL KOH 溶液，磁力搅拌棒使得溶液充分混合，然后测定 κ_0。将电池中液体排空、清洗、干燥后，加入 80mL 超纯水，然后在剧烈搅拌下加入 10mL 的 KOH 溶液。当温度达到所需值时，迅速加入 10mL 乙酸乙酯溶液。启动秒表，并将电极上下晃动几次以促进溶液的混合。搅拌器以高速运转。在 1min、5min、10min、20min、30min 和 60min 后，记录电导率数值（要注意电导仪量程的变化）。在 $T=15℃$ [1]、 35℃、 50℃或其他温度（尽量具有一定的温度数值间隔）下，重复该测量步骤。

评价

图 3.8 为典型图。

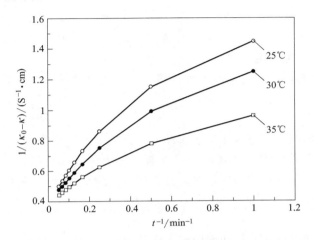

图 3.8 碱性酯皂化反应过程中的电导率（图中 t^{-1} 为时间的倒数，$1/(\kappa_0-\kappa)$ 为反应过程中某时刻电导率与初始电导率之差的倒数）

在 $T=25℃$下，斜率为 1，截距为 0.52；在 $T=30℃$下，斜率为 0.82，截距为 0.48；在 $T=35℃$下，斜率为 0.5，截距为 0.44。 $T=25℃$时反应速率 $k=41.6 L \cdot mol^{-1} \cdot min^{-1}$； $T=30℃$时反应速率 $k=46.8 L \cdot mol^{-1} \cdot min^{-1}$； $T=35℃$时反应速率 $k=64 L \cdot mol^{-1} \cdot min^{-1}$。文献中 $k=46.8 L \cdot mol^{-1} \cdot s^{-1}$。根据活化能 E_a 和 $T=35℃$时的速率常数 k，应确定 $k_{70℃}$ 的值。本实验无法获得很精确的测量值，因此建议进行统计分析评估。

参考文献

Kirby, A. J. (1972) *Comprehensive Chemical Kinetics*, vol. 10（ed. C. H. Bamford and C. F. H. Tripper）. Elsevier, Amsterdam.

问题

当有数据偏离直线时，哪些可以舍去?

---

[1] 如果没有低温恒温器，也可以选择稍高的温度。为了保持较宽的温度范围，应尽可能提高最高温度。

实验 3.8：离子的运动与希托夫迁移数

任务

（1）电解 $0.1mol \cdot L^{-1} H_2SO_4$ 水溶液时，测定硫酸根离子的传输数 t 和无限稀释时 λ_0^- 的等效电导率。

（2）测定高锰酸根离子的离子迁移率、等效电导率和离子半径。

原理

离子导体的电流传输与离子的运动有关，例如电解质溶液、熔融盐或固体电解质。电场 E[❶] 的加速力可以被斯托克斯摩擦力的制动力抵消。对于半径为 r_i 的离子，在黏性介质中达到平衡时，会有恒定的运动速度（漂移速度）v：

$$v = \frac{ze_0 E}{6\pi\eta r_i} \qquad (3.44)$$

相对于标准化场强的运动速度称为迁移率：

$$u = v/E \qquad (3.45)$$

将实验测定的运动速度数据代入式（3.45），例如，根据有色离子（与实验 3.1 比较）的边界移动速度，可以得到离子半径 r_i。根据离子迁移率与离子等效电导率的关系，可以得到后者：

$$\lambda_{eq} = uF \qquad (3.46)$$

假设电解质中离子的所有传输特性相同（阴离子∶阳离子＝1∶1），那么 1mol 电子电荷（即 96485C 或 96485A · s）的流动会引起 0.5mol 阴离子向阳极移动，0.5mol 阳离子向阴极移动。然而在实际实验中，离子的传输特性有很大的差异。质子和氢氧根离子的（额外）电导率特别高，这是因为这些离子比其他离子更有利于电荷传输（Grotthus jump mechanism，P. W. Atkins and J. de Paula, *Physical Chemistry*, 8th ed., Oxford University Press, Oxford, 2006, p. 766; see also EC: 34）。

根据实验，科学家们定义了迁移数 t，为了纪念其最初的定义者，称其为希托夫传输数（P. W. Atkins and J. de Paula, *Physical Chemistry*, 8th ed., Oxford University Press, Oxford, 2006, p. 768）。根据 $I_k = t_+ I$，迁移数 t_+ 是总电流 I 与 I_k 的分数。显然，对于某一电解质，电荷迁移数总和为 1：

---

❶ 只考虑电场在运动方向上的加速力，因此不需要对 E 进行矢量显示。

$$t_+ + t_- = 1 \qquad (3.47)$$

正如希托夫描述的，可以通过简单的电解实验测定 t_+，使用分离的阳极和阴极室（为排除隔膜或特殊电池结构的影响）。通过测定两个隔室中电解前后电解质成分的浓度和所传输的电荷，可以确定阴阳离子所携带的电荷份额。在这里，需要仔细辨别是否消耗离子（即通过还原或氧化进行化学转化）。以盐酸为电解质进行实验会消耗离子发生还原反应，而使用硫酸则不会消耗硫酸根离子。正如预期的那样，质子在阴极产生氢气，而阳极硫酸根离子不会被氧化，生成氧气。在评估实验结果时必须考虑到这种解耦（EC：30）。

本实验采用的电解质为硫酸，需要评估质子浓度的变化。通过对电解前后阴极室和阳极室中溶液进行滴定，可以计算得到其物质的量（n_A、n_B）及其变化（Δn）。物质的量的平均变化为：

$$\overline{\Delta n} = (\lvert \Delta n_A \rvert + \lvert \Delta n_k \rvert)/2 \qquad (3.48)$$

阴离子传输的电荷 q_-：

$$q_- = \overline{\Delta n} F \qquad (3.49)$$

根据电解时间和流动的（恒定的）电流（或使用库仑计测定电荷），可以推导出阴阳离子传输的总电荷 q，迁移数可以根据下式计算得到：

$$t_- = q_- / (q_- + q_+) \qquad (3.50)$$

根据

$$\lambda_{0,\,SO_4^{2-}} = t_- \lambda_{0,\,H_2SO_4} \qquad (3.51)$$

可以计算无限稀释时硫酸根离子的离子等效电导率。

实施

化学品和仪器

0.1mol·L^{-1} H$_2$SO$_4$ 水溶液

0.1mol·L^{-1} KOH 水溶液

20%（质量分数）H$_2$SO$_4$ 水溶液

0.005mol·L^{-1} KMnO$_4$ 水溶液

0.005mol·L^{-1} KNO$_3$ 水溶液

尿素

酸碱滴定所用的工具及化学药品

带铂电极的可调电解槽；夹持电极的插头，必须允许气体从电池中通过

直流电源 40V

氢氧化物或数字库仑仪

任务一

设 置

任务一的设置详见图 3.9。

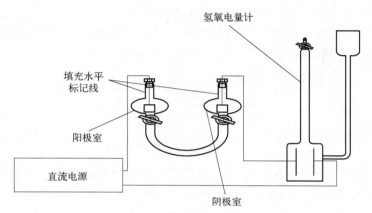

图 3.9　迁移数测定的实验设置

步　骤
电解池的制备

安装可调节支架的电解槽，并装入 $0.1\,mol \cdot L^{-1}$ H_2SO_4 水溶液，使其液位略高于阀门。关闭阀门后，使用移液枪移除阀门上方残留的液体。

用相同的酸溶液将阳极室和阴极室填充到标记处，方便起见，首先用移液枪加入一定体积的溶液，然后继续使用滴定管添加溶液。如果打开阀门，溶液水平线不在标记处，那么必须稍微倾斜容器，直到水平调整到标记处。

库仑计

这种装置是用一种比较传统的方法来测量电荷的，而如今已经有更精确的数字库仑计。本实验中，库仑计用于控制通过的电荷，通过调整电流❶与时间的乘积，可以很容易地计算出通过的电荷，这也是对法拉第定律的应用。氢氧库仑计

---

❶　相当大的直流电压允许操作电源作为一个恒流源插入一个合适的电阻；否则实验过程中必须仔细监测电流。

要充满 20%（质量分数）H_2SO_4 的水溶液。随着滴定管处阀门打开，通过向上或向下移动平衡容器，调整溶液上部弯月面到零位，关闭阀门。实验结束后，记录的气体体积需要根据理想气体定律，将实际温度、环境空气压力转换为标准状况。

电源、库仑计和电解池连接在一起。电源处的电压设置为零，电源打开，电流调节为 25mA。电解时间为 120min。

实验末期

关闭阀门，关闭电源，移除电极。用插头闭合阳极室和阴极室，从支架上取下电解池并小心晃动。从两个腔室取出样品，并对其进行滴定。此外，需要对 $0.1mol \cdot L^{-1}$ H_2SO_4 水溶液进行滴定。实验中，必须记录两个电极室的体积、温度、通过的电荷（根据时间和电流计算或库仑计的读数）和电极室中电解质溶液的最终浓度。根据电解质溶液的浓度与质量计算出物质的量 n。

评价

需要以下数据进行评估：
① 电极室的体积；
② 温度；
③ 硫酸溶液的初始浓度；
④ 电解后阴极室和阳极室的硫酸溶液浓度；
⑤ 电解的电流和时间；
⑥ 生成的氢气、氧气体积。

根据式（3.48），可以计算电极室里物质的量平均变化值，可以计算阴离子传输的电荷。计算了通过的电荷总数（根据 It 和生成的气体体积）后，可以根据式（3.50）计算阳离子迁移数。根据硫酸的等效电导率（参考表格值），可以计算出硫酸根离子的离子电导率。

在典型试验中，硫酸的浓度 $c = 0.0985 mol \cdot L^{-1}$。电解条件为 $I = 25mA$，$t = 2h$；因此通过的电荷为 $q = 180 A \cdot s$。根据生成的气体体积（标况下） $V = 36mL$，可以计算出电荷数为 $q = 186.7 A \cdot s$，与上面推导的电荷数一致。由于使用的装置中恒定电流的调整精度有限，因此之后的计算是基于库仑计测定的电荷。电解后，阳极室的硫酸浓度变为 $c = 0.10625 mol \cdot L^{-1}$；而阴极室则变为 $c = 0.09515 mol \cdot L^{-1}$。假设阴极室和阳极室的液体体积分别为 54.9mL、51.3mL，阴极室、阳极室中质子物质的量的变化分别为 $\Delta n_c = -3.97 \times 10^{-4} mol$，$\Delta n_A = 4.28 \times 10^{-4} mol$。平均变化为 $\Delta n = 4.125 \times 10^{-4} mol$。硫酸根离子的迁移数为 $t_- = 0.213$，$\lambda^+_{0,\ SO_4^{2-}} = 183.2 cm^2 \cdot S \cdot mol^{-1}$，与文献相符。

任务二

设置

任务二的设置详见图 3.10。两个电极间的距离 $d=32.5\text{cm}$。

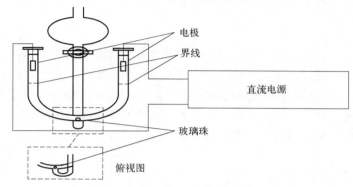

图 3.10 测定运动速度的装置

程序

上层容器装入 100mL 的 0.005mol·L^{-1} $KMnO_4$ 水溶液。为了增加密度，加入 3g 尿素。打开阀门，直到液体充满中间管浸没玻璃珠。将 KNO_3 水溶液装入 U 形管的其中一个端口，直至半充满，且不与 $KMnO_4$ 水溶液混合（如果发生过度混合，则必须重复该过程）。再次打开阀门，两侧 $KMnO_4$ 水溶液水平会缓慢上升。玻璃珠有助于避免湍流，可以在溶液间建立明确、清晰的界限。边界的位置标记在 U 形管上。插入电极后，施加 $U=40\text{V}$ 的直流电压。确定两侧在 5min、10min、15min 和 20min 后边界位置的偏移，并计算平均偏移。

评价

根据电极（$d=32.5\text{cm}$）与外加电压之间的距离，计算出电场 E 的强度。根据高锰酸根离子（相边界的移动）的迁移速度可以推导出离子迁移率。等效电导率和离子半径根据式（3.45）和式（3.44）计算。假设在实验的温度（使用文献中的温度）下，溶液的黏度等于水的黏度。

在典型实验中，两电极距离一定，电压 $U=40\text{V}$，相位边界的平均位移为：

时间/min	位移/cm	时间/min	位移/cm
5	0.55	15	1.1
10	0.85	20	1.4

漂移速度 v 是在实验时间内取平均值计算得到；迁移率 u 与文献值相符：

$$u = \frac{v}{E} = \frac{vd}{U} = \frac{0.76 \times 10^{-3} \times 32.5}{40} = 0.62 \times 10^{-3}\,\mathrm{cm^2 \cdot V^{-1} \cdot mol^{-1}}$$

（3.52）

等效电导率为：

$$\lambda_{eq}^- = uF = 0.62 \times 10^{-3} \times 96464 = 59.8\,\mathrm{S \cdot cm^2 \cdot mol^{-1}} \qquad （3.53）$$

离子半径为：

$$r_i = \frac{ze_0 Et}{6\pi\eta v}$$

（3.54）

$r_i = 125\,\mathrm{pm}$。与结晶学测定的离子半径相比，有效离子半径的增加意味着存在溶剂化效应。

参考文献

Wright, M. R. (2007) *An Introduction to Aqueous Electrolyte Solutions*. John Wiley & Sons, Inc., Chichester.

问题

（1）怎么根据迁移数和等效电导率计算离子电导率？

（2）是否还有其他方法计算离子电导率？

（3）电解质的选择对本实验测定迁移数是否有重要影响？如果选择用 HCl 会有什么不同？

实验 3.9：电还原甲醛的极谱[❶]研究

任务

由极谱法测定甲醛水合物脱水的速率常数。

原理

极谱法可以应用于动力学和机理研究。如果涉及电化学活性反应序列中的物质，则它的浓度可以提供反应进程的信息。由它们的产生或消耗引起的电流称为

---

❶ 极谱法大多应用于分析化学中，在第 4 章中有详细介绍。

动力学电流，而这些电流会受电化学电荷转移反应前后化学反应速率的影响。发生化学反应后，电化学非活性物种转化为极谱活性物种，这些物种会在汞电极上被还原或氧化。如果该反应比电荷转移反应慢，则动力学限制电流由化学反应的速率常数 k 控制。

甲醛的阴极还原就是一个典型的例子。在水溶液中，该物质几乎完全以水合物形式存在，如亚甲基二醇。根据下式，只有游离甲醛形成。

$$CH_2(OH)_2 \underset{k_b}{\overset{k_t}{\rightleftharpoons}} CH_2O + H_2O \qquad (3.55)$$

水合形式的平衡可能在汞电极中减少。它的浓度❶是：

$$K = \frac{[CH_2O]}{[CH_2(OH)_2]} = \frac{k_f}{k_b} \qquad (3.56)$$

发生的还原反应为：

$$2H_2O + CH_2O + 2e^- \longrightarrow CH_3OH + 2OH^- \qquad (3.57)$$

该反应属于酸碱催化反应。除了氢氧根离子，布朗碱也具有催化活性。其速率方程是：

$$k_f = k_0 + k_H[H^+] + k_{OH^-}[OH^-] + \sum k_A[A^-] + \sum k_B[B^+] \qquad (3.58)$$

式中，k_f 是给定溶液组成中脱水的速率常数；k_0 是没有催化离子的中性溶液反应的速率常数；$k_H[H^+]$ 描述了质子的贡献；$k_{OH^-}[OH^-]$ 描述了氢氧根离子的贡献；$\sum k_A[A^-]$ 和 $\sum k_B[B^+]$ 描述了酸性、碱性物质的影响。

根据式（3.57），如果有缓冲溶液可能会自发反应，生成氢氧根离子。将不同缓冲溶液浓度下获得的数据外推到 0，可以获得中性非缓冲溶液有关的数据 k_0。

假设与能斯特扩散层厚度相似的反应层厚度为 δ_r，其中决速反应步骤是脱水反应。当脱水速率一定，且小于 $CH_2(OH)_2$ 扩散到反应层的速率时，反应层内水合 $CH_2(OH)_2$ 的浓度恒定且等于 c_0。

$$\frac{d[CH_3O]}{dt} = k_f[CH_2(OH)_2] \qquad (3.59)$$

假设反应层内外处于化学平衡的稳定状态，可以计算出滴汞电极上的平均动力学极限电流：

$$\overline{I}_k = 5.1 \times 10^{-3} nF[CH_2(OH)_2](m\tau)^{2/3}(D_{CH_2O}k_f K)^{1/2}$$

$$(3.60)$$

---

❶ 下文浓度用方括号"[ ]"注明。

式中，m 是汞的流速，$mg \cdot s^{-1}$；τ 是衰减时间，s。为了获得 $k_f K$，计算在相同实验条件下获得的伊尔科维克电流，假设转换速度快于水合物扩散速度。在这种情况下，电流显然受到扩散的限制：

$$\overline{I}_{lim, diff} = 607n \left[D_{CH_2(OH)_2} \right]^{1/2} m^{2/3} \left[CH_2(OH)_2 \right] \tau^{1/6} \quad (3.61)$$

假设 $D_{CH_2O} = D_{CH_2(OH)_2}$，电流比为：

$$\frac{\overline{I}_k}{\overline{I}_{lim, diff}} = 0.81 \left(\tau K k_f \right)^{1/2} \quad (3.62)$$

如果已知平衡常数 K，则可以计算速率常数 k_f。

通过测量供汞容器不同高度处（即在不同的 τ 值下）的电流，可以获得速率（动力学）控制的极谱电流值。伊尔科维奇方程可以表示为：

$$\overline{I}_{lim, diff} = 607n \left[D_{CH_2(OH)_2} \right]^{1/2} \left[CH_2(OH)_2 \right] (m\tau)^{1/6} m^{1/2}$$

$$(3.63)$$

式中，$m\tau$ 表示一滴汞的质量。

这只取决于毛细管内径、表面张力等性质，与水银导管的高度或下落时间无关。因此：

$$\overline{I}_{lim, diff} \approx m^{1/2} \quad (3.64)$$

动力学电流（高度或跌落时间的依赖性）不能观察到类似的比例关系 ［与式（3.60）对比］。

实施

化学品和仪器

$0.025 mol \cdot L^{-1}$ NaH_2PO_4 水原液

$0.025 mol \cdot L^{-1}$ $NaHPO_4$ 水原液

36％甲醛水溶液

直流极谱仪用极谱仪

滴汞电极

X-Y 记录仪

10mL 吸管

2mL 滴管

8 个 100mL 测量瓶

设置

如图 4.19 所示，使用三电极。

步骤[❶]

① 以磷酸（c_{buff}）为缓冲溶液，测定 $6.2 \times 10^{-2}\,mol \cdot L^{-1}$ 的 CH_2O 的极谱（需要外推到缓冲液浓度为零来计算所需缓冲液浓度的变化）；直流极谱仪，滤光片 1s；$E_{Ag/AgCl} = -1-1.8V$，量程 $5\,\mu A$，$10mV \cdot s^{-1}$；$\Delta U = 50mV$。

a. $c_{buff} = 0.0025\,mol \cdot L^{-1}$（两种原液各 10mL＋0.5mL 甲醛溶液，然后加满至 100mL）。

b. $c_{buff} = 0.005\,mol \cdot L^{-1}$（两种原液各 20mL＋0.5mL 甲醛溶液，然后加满至 100mL）。

c. $c_{buff} = 0.0075\,mol \cdot L^{-1}$（两种原液各 30mL＋0.5mL 甲醛溶液，然后加满至 100mL）。

② 测量下落时间对动力学限制电流的影响：

a. $\tau = 1s$；

b. $\tau = 0.5s$；

c. $\tau = 0.2s$。

评价

甲醛还原的动力学限制电流被绘制为缓冲液浓度的函数，并且可以外推到零缓冲液浓度。根据式（3.61）可以计算在无限快的前（脱水）反应情况下，理论上的扩散限制电流。使用极谱仪时，汞流速 m 是液滴时间 τ 的函数：

τ/s	$m/(mg \cdot s^{-1})$
1	3
0.5	5.3
0.2	12.8

这些数值也可以通过测量一定时间内汞从毛细管通过空气滴入瓶中的质量来近似确定。

假设 $CH_2(OH)_2$ 的扩散系数 D 与甲醇相同，均为 $1.6 \times 10^{-5}\,cm^2 \cdot s^{-1}$。根据式（3.56），可以计算甲醛水合物脱水的反应速率常数 k_f。文献中平衡常数为 $K = 4.4 \times 10^{-4}$ [P. Valenta, *Collect. Czech. Chem. Commun.* 25 （1960），853]。图 3.11 所为不同浓度缓冲液下的典型极谱图。

图 3.12 为动力学电流 I_k 随缓冲液浓度的变化曲线。

外推至缓冲液浓度为零，得 $I_k = 0.605\,\mu A$。根据滴汞电极的特征数据计算，得 $I_{lim,\,diff} = 805\,\mu A$。速率常数为 $k_f = 3.9 \times 10^{-3}\,s^{-1}$，与文献的数据（$k_f = 3.4 \times 10^{-3}\,s^{-1}$）相符。

如图 3.13 所示，不同下降时间的极限电流并没有与动力学限制电流依赖关系。

[❶] 后续描述指的是一个特定的极谱和电解池体积。如果有必要数量必须适应，本实验只需要一个简单的水银滴电极。

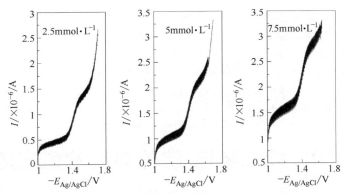

图 3.11 不同浓度缓冲液下的典型极谱图

（图中 I 是电流，$E_{Ag/AgCl}$ 是 Ag/AgCl 电极的电势，2.5mmol·L^{-1}、5mmol·L^{-1}、7.5mmol·L^{-1} 分别是缓冲液的浓度）

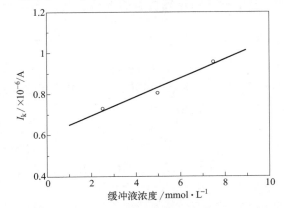

图 3.12 甲醛还原的动力学限制电流随缓冲液浓度的变化曲线

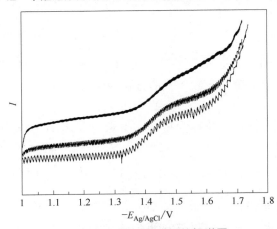

图 3.13 不同滴落时间的极谱图

$\tau=0.2s$；$\tau=0.5s$；$\tau=1s$（从下至上）（图中 I 是电流，$E_{Ag/AgCl}$ 是 Ag/AgCl 电极的电势）

参考文献

Brdicka，R.（1955）*Collect. Czechoslov. Chem. Commun.* 20，387.

Crooks，J. E. and Bulmer，R. S.（1968）*J. Chem. Educ.* 45，725.

Landqvist，N.（1955）*Acta Chem. Scand.* 9，867.

Vesely，K. and Brdicka，R.（1947）*Collect. Czechoslov. Chem. Commun.* 12，313.

实验 3.10：静态电流-电位曲线的恒电流测量

任务

测量并评估铂电极上氧气和氢气析出的电流密度-电极电势曲线，并确定交换电流密度 j_0。

原理

福尔默方程给出了电极上的阳极和阴极部分的电流密度与外电路中测得的电流 j_{ct} 和电荷转移过电位 η_{ct} 之间的关系：

$$j_{ct} = j_{ct, \ ox} - j_{ct, \ red} = j_0 \left\{ \exp \frac{\alpha nF}{RT} \eta_{ct} - \exp \frac{(1-\alpha)nF}{RT} \eta_{ct} \right\} \quad (3.65)$$

当过电位 $\eta > RT/(nF)$ 时，逆反应相应的电流密度可以忽略。在足够大的阴极过电位下，方程可以简化为：

$$j_{ct} = -j_0 \exp \frac{-(1-\alpha)nF}{RT} \eta_{ct} \quad (3.66)$$

对数形式为：

$$\eta_{ct} = \frac{RT}{(1-\alpha)nF} 2.303 \lg j_0 - \frac{RT}{(1-\alpha)nF} 2.303 \lg |j_0| \quad (3.67)$$

将方程式（3.67）写成一般形式的方程为：

$$\eta_{ct} = A - B \lg |j_{ct}| \quad (3.68)$$

这个方程以作者命名，被称为塔菲尔方程，斜率 B 也被称为塔菲尔斜率。方程式也可以写为：

$$\lg |j_{ct}| = \lg j_0 + \frac{(1-\alpha)nF}{2.303RT} |\eta_{ct}| \quad (3.69)$$

作 $\lg |j_{ct}|$ 对 $|\eta_{ct}|$ 的半对数图，那么斜率为 α，截距为 j_0。在小电流下，反作用不再能被忽略，不能进行这种近似；但在大电流下，与电荷转移限制相比，传输限制（扩散）占主导地位。半对数图可以提供电极反应的动力学数据。

在本实验中，可以做出氧和氢在铂电极上的析氢反应动力学曲线，并进行评估。

实施

化学品和仪器

$1mol \cdot L^{-1}$ 硫酸水溶液

氮气吹扫气

可调电流源（恒电流仪）

高输入阻抗电压表

镀铂金的铂电极

铂电极

氢参比电极

H-电解池

设置

以镀铂金的铂电极为工作电极，铂电极作为对电极，安装 H-电解池（见图 1.4）。氢电极由氢气（参见图 1.3 和描述）充入，并作为参比电极插入，电池中充满了硫酸溶液。连接电流源与工作电极和对电极，连接电压表与工作电极和参比电极。

步骤

用氮气吹扫电解质溶液。从 $j = 0mA$ 开始，测量工作电极的电位。电流逐渐增大（负电流），每增大 10 倍读数 3 次。在用正电流（析氧反应）重复实验之前，将工作电极设置为 3min，析出氧气。

评价

图 3.14 展示了析氢反应的塔菲尔图。

根据截距可得交换电流密度 $j_0 = 9.5 \mu A \cdot cm^{-2}$，高于光滑的铂电极材料的值。根据斜率，可以计算出塔菲尔斜率为 14mV。维特认为，当电流变化 10 倍时其电位变化为 30mV，则视之为反应过电位的指标 [K. J. Vetter, *Angew. Chem.* 73（1961），277]。这表明在研究的电流密度-电极电位曲线中，吸附氢原子的重组是决速步骤（rde），此步骤中电荷转移反应进行得更快。在光滑的铂电极上，斜率为 120mV，这被认为是典型且简单的电荷转移控制反应。

图 3.15 显示了析氧反应的塔菲尔图。

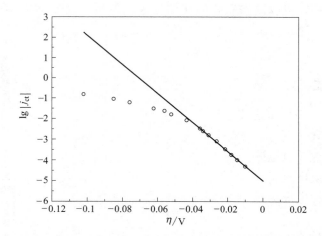

图 3.14　铂电极在 1mol·L⁻¹ 硫酸水溶液中析氢反应的塔菲尔曲线
（图中 η 是过电势，$\lg|j_{ct}|$ 是电流的对数形式）

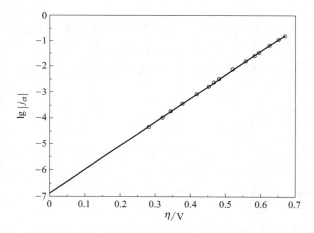

图 3.15　铂电极在 1mol·L⁻¹ 硫酸水溶液中发生析氧反应的塔菲尔曲线
（图中 η 是过电势，$\lg|j_{ct}|$ 是电流的对数形式）

　　氧电极剩余电位 E_0 很难测定，故可以根据热力学假定氧电极 $E_0 = 1.229\text{V}$。根据截距计算交换电流密度 $j_0 = 1.3 \times 10^{-7}\text{A·cm}^{-2}$。塔菲尔斜率为 109mV，与文献中的 120mV 非常接近。

参考文献

Vetter，K. J. (1961) *Angew. Chem*. 73，277.

Vetter，K. J. (1961) *Elektrochemische Kinetik*. Springer，Berlin.

实验 3.11：循环伏安法

任务

（1）采用循环伏安法确定硫酸溶液中硫酸根离子在铂电极表面上的典型吸附/解吸过程。

（2）采用循环伏安法研究有机分子的氧化过程。

（3）采用循环伏安法测定镍在电解质溶液中的腐蚀[●]，并测量穿透电位、佛莱德（Flade）电位和钝化电位。

原理

循环伏安法（CV）是最经典的电化学测试方法，是表征电极/电解质溶液相界上电化学过程的标准方法。

顾名思义，循环伏安法指的是电极电势 E 在两个极限电位范围内以恒定的扫描速率 dE/dt 循环扫描（如图 3.16 所示）。利用恒电位仪装置向系统施加电压，输入电压（即工作电极相对于参比电极的预期电位值）呈现出三角形，故而此方法也被称为三角波电位扫描法。

输入电压的上限，通常是电解质溶液（溶剂或电解质）开始分解的电压值，对于水溶液而言，是开始析出氢气和氧气时的电压值。

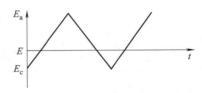

图 3.16 循环伏安法中电极电位随时间的变化曲线

t—时间；E_a—阳极电位；
E—电位；E_c—阴极电位

循环伏安法是一种非稳态测量方法。为了获得电极电势的相应变化值，在电化学界面处建立电极电势的过程中，所涉及的电化学活性物质的浓度必须根据能斯特方程来确定。该过程可以施加电流，流过所研究的工作电极和第三电极（又称为对电极或辅助电极）。一旦界面处的浓度值与相对于参考电极的电极电势测量值与期望的输入值相同，电流就会下降为零。这种使用工作电极（WE）、参比电极（RE）和对电极（CE）的系统叫作三电极体系。相对于参比电极的实际电极电势与电流的关系形成的曲线图，叫作循环伏安图（CV），也可以用电极电势的输入值代替实际值。假设恒电位仪具有理想调节特性，输入值就等于实际

[●] 本章末有关于腐蚀原理和应用等方面的进一步的实验。

值。循环伏安图揭示了溶液中物种的氧化、还原，金属的溶解、吸附和解吸等电极过程开始、停止时的电极电位值。典型的实验包括氧化还原系统的研究、金属沉积和电极上吸附物种的覆盖率变化。从循环伏安图中可以获得关于氧化还原系统的热力学、最高占据分子轨道（HOMOs）和最低未占分子轨道（LUMOs）的能级位置、与电子转移步骤耦合的化学反应动力学以及电子转移本征速率等信息。

　　本实验开展了一些基本的定性研究，对定量解释的关注较少。需要结合文献数据和个人经验，对观察到的数据进行分析与解释。

　　如图 3.17 所示，测量所需电位。

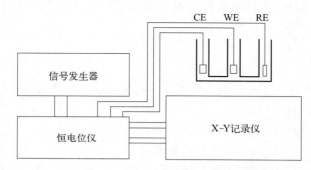

图 3.17　恒电位法测量循环伏安曲线的实验装置
CE—对电极；WE—工作电极；RE—参比电极

　　本实验首先记录并分析铂电极在硫酸溶液中的循环伏安图，然后探讨添加电化学活性物质（甲酸）引起的变化，最后研究镍工作电极的循环伏安图。

实施

化学品和仪器

　　$0.05\text{mol} \cdot \text{L}^{-1}$ 硫酸水溶液

　　$0.05\text{mol} \cdot \text{L}^{-1}$ 硫酸水溶液＋$0.1\text{mol} \cdot \text{L}^{-1}$ 甲酸

　　氮气（吹扫气）

　　恒电位仪

　　三角波电压扫描发生器

　　X-Y 记录仪（可用带接口卡的 PC 代替）

　　两个铂电极

　　镍电极

　　氢参比电极（HRE）

　　三电极电池（H 型电池）

设置

本节实验所用为各种仪器的组合（恒电位仪、函数发生器、记录仪、电脑），因此不需要特意说明仪器接线方案。

步骤

（1）使用支持电解质溶液，测量循环伏安图

将硫酸水溶液充满电池中，将铂电极插入，作为工作电极和对电极，氢电极（例如 Will 的电极，见图 1.3）作为参比电极。用氮气（或氩气）从工作电极部件底部的气体入口向电解质溶液中鼓泡，清除溶解氧，测量过程中使用静态溶液（停止吹扫）。

设置恒电位仪的电流范围及记录仪❶的灵敏度，使单个曲线图显示完整的循环伏安曲线。用分流电阻器测量流过工作电极和对电极的电流，分流电阻器上的压降必须在记录装置的范围内。扫描电势应控制在 $0.02V < E_{RHE} < 1.66V$ 的范围内。首先进行几次快速电势扫描（$dE/dt = 1V \cdot s^{-1}$）使电极表面进入可再生状态，再以低扫描速率测量循环伏安曲线，以便进一步分析讨论。典型结果如图 3.18 所示。

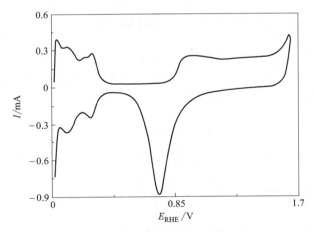

图 3.18 与 0.05mol · L⁻¹ 硫酸电解液接触的铂电极的循环伏安图

$dE/dt = 0.1V \cdot s^{-1}$，氮气吹扫；$E_{RHE}$—相对于相对氢电极的电极电位；$I$—电流

增加电流灵敏度，测量 $0.02V < E_{RHE} < 0.8V$ 范围内的循环伏安曲线。最后，在 $0.3V < E_{RHE} < 0.5V$ 的范围内测量不同扫描速率（$dE/dt = 0.02 \sim 0.1V \cdot s^{-1}$，步长 $20mV \cdot s^{-1}$）下的循环伏安图。

---

❶ 使用各种仪器和部件的设置可能有所不同，此处给出了一个比较通用的过程。

由于研究的系统在该范围内没有法拉第反应，因此仅对电极-溶液界面的双电层电容进行充电，该电势范围称为双电层区域。应首先测量最高扫描速率的循环伏安曲线，因为它会导致最高的电流值。在测量每个新的循环伏安曲线之前，应进行几次扫描。典型结果如图 3.19 所示。

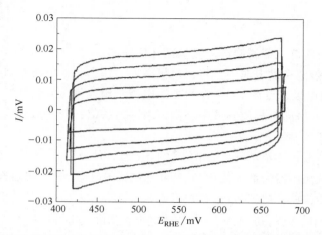

图 3.19　在双电层区域中与 $0.05\mathrm{mol \cdot L^{-1}}$ 的硫酸电解液接触的铂电极的 CV 曲线

由内向外的扫描速率依次为 $dE/dt = 0.02 \sim 0.1 \mathrm{V \cdot s^{-1}}$，

氮气吹扫；E_{RHE}—相对于相对氢电极的电极电位；I— 电流

（2）测量甲酸的循环伏安曲线

H 型电池中装满 $0.05\mathrm{mol \cdot L^{-1}}$ 的硫酸溶液和 $0.1\mathrm{mol \cdot L^{-1}}$ 的甲酸溶液，所用电极同（1）所述，典型结果如图 3.20 所示。

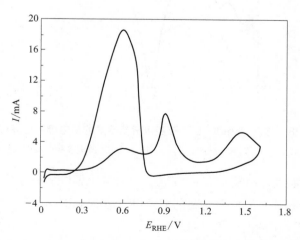

图 3.20　与 $0.05\mathrm{mol \cdot L^{-1}}$ 硫酸+ $0.1\mathrm{mol \cdot L^{-1}}$ 甲酸电解液接触的铂电极的 CV

$dE/dt = 0.1\mathrm{V \cdot s^{-1}}$，氮气吹扫；$E_{\mathrm{RHE}}$—相对于相对氢电极的电极电位；$I$—电流

（3）与 0.05mol·L^{-1} 硫酸电解液接触的镍电极的循环伏安图

以不同扫描速率 $dE/dt=0.02\sim0.1V\cdot s^{-1}$ 测量与 0.05mol·L^{-1} 硫酸电解液接触的镍电极（镍丝、镍制抹刀）的 CV。从负电位极限开始，记录三次后续电位扫描的结果。

评价

（1）在支持电解质溶液中，测量铂电极的循环伏安图

电势范围 0.02V＜E_{RHE}＜1.66V：电势在析氢和析氧开始发生的临界电位值之间进行扫描。在从电位下限开始的正向扫描过程中，最初电极上覆盖的氢原子被氧化。两个明显分离的电流峰表明存在两种不同吸附类型（不同的表面位点，不同的吸附强度）的氢吸附值（H_{ad}）。

在 0.3V＜E_{RHE}＜0.8V 的范围内，仅观察到充电电流。大约在 $E_{RHE}=$ 0.8V 时，开始形成化学吸附氧层。在 $E_{RHE}=1.6V$ 左右，开始析氧。在负向扫描过程中，铂电极上氧气覆盖率降低，出现相当大的过电位（约几百毫伏）。在 $E_{RHE}=0.35V$ 附近，开始形成吸附原子氢层。

电势范围 0.02V＜E_{RHE}＜0.8V：在该电极电势范围内进行更详细的记录，可以确定电极的实际表面积和粗糙因子 R_f。计算出在 0.0V＜E_{RHE}＜0.36V 范围内绘制的循环伏安曲线下的面积，该面积对应氢吸附和双电层充电所消耗的电荷，电荷的计算（以 A·s 为单位）取决于所用仪器的设置和扫描速率。该电势范围内形成 H_{ad} 所需的电荷 Q_H^- 由相应的双电层充电所需的电荷 Q_{DL} 获得，是循环伏安曲线在 0.48V＜E_{RHE}＜0.64V 范围内电荷的 2.25 倍。

根据图 3.18 中显示的 CV，0.0V＜E_{RHE}＜0.36V 范围内的电荷为：

$$Q_H^{'-}=1.68mA\cdot s=1.68\times10^{-3}A\cdot s \tag{3.70}$$

双电层充电所需的电荷 Q_{DL} 为：

$$Q_{DL}=0.1mA\cdot s=0.1\times10^{-3}A\cdot s \tag{3.71}$$

形成 H_{ad} 实际需要的电荷为：

$$Q_H^-=1.68mA\cdot s-0.1mA\cdot s=1.58\times10^{-3}A\cdot s \tag{3.72}$$

假设理想光滑表面上每平方厘米有 1.3×10^{15} 个铂原子，且在 0.0V＜E_{RHE}＜0.36V 的范围内，90%的铂原子携带一个所带电荷为 $q_e=1.6\times10^{-19}A\cdot s$ 的氢原子（相当于覆盖度 $\theta=0.9$），则用吸附氢来覆盖理想光滑表面需要 $2.1\times10^{-4}A\cdot s\cdot cm^{-2}$ 的电荷。电荷 Q_H^- 表明电极实际表面积为 $1.58\times10^{-3}A\cdot s/2.1\times10^{-4}A\cdot s\cdot cm^{-2}=7.5cm^2$。粗糙因子是电极的实际表面积与几何表面积之比。所用铂电极的几何表面积为 $3cm^2$，可以计算出粗糙因子 $R_f=2.5$。

电势范围 0.42V＜E_{RHE}＜0.675V（双电层区）：测量了在不同扫描速率下

$E_{RHE}=0.6V$ 时的电流，其与扫描速率的关系如图 3.21 所示，双电层的行为与平板电容器非常相似。

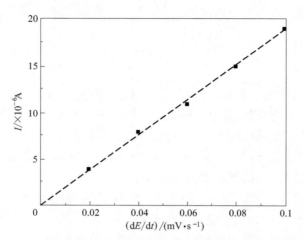

**图 3.21 0.05mol·L^{-1} 硫酸电解液中几何表面积为 3cm^2 的铂电极，
其双电层区域中的电流与扫描速率的关系**

氮气吹扫；dE/dt：扫描速率；I：电流

内插线的斜率等于双电层电容 C_{DL}，几何表面积为 3cm^2 的实际值为 $C_{DL}=$ 194 μF；对于具有理想光滑表面的双电层电容， $C_{DL}=20μF·cm^{-2}$，故而得到粗糙因子 $R_f=194÷3μF·cm^{-2}÷20μF·cm^{-2}=3.2$，接近氢吸附测量值。

（2）甲酸的循环伏安图

图 3.20 显示了正向扫描过程中在电势 $E_{RHE}=0.6V$、1.0V 和 1.5V 处电流出现峰值。而在负向扫描过程中，仅观察到接近正向扫描第一个波峰处出现单个波峰。 $E_{RHE}=1.0V$ 和 1.5V 处的峰与 Pt-OH- 及 PtO-化学吸附层的形成有关。负向扫描中 $E_{RHE}=0.6V$ 处的峰是由于 Pt-O 覆盖层被还原后（大约在 $E_{RHE}=$ 0.75V 处有小的还原电流峰），甲酸在裸露的、恢复活性的铂表面上被氧化。

（3）镍电极的循环伏安图

图 3.22 是镍电极在 0.05mol·L^{-1} 硫酸电解液中测得的两条循环伏安曲线。在第一次扫描之前，电极电势在 $E_{RHE}=-0.4V$ 保持 10s，以减少电极表面可能存在的氧化层残留物或钝化层。

显而易见，钝化电位是第一次扫描中电流最大值对应的电位。根据定义，佛莱德电位 E_F 是钝化区域的阳极电流下降极低值时的特征电势，在该系统中不容易识别。钝化电位区域的上端是过钝化区，此处阳极电流上升，是由镍表面的进一步氧化和氧析出引起的。在此研究体系中，无法观察到在负向扫描中钝化电极恢复到活性状态（溶解）时的激活电位（有时也称为 E_F）。对于不钝化的贵金

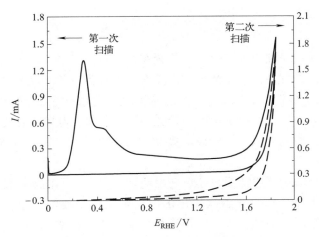

图 3.22　镍电极在 0.05mol·L^{-1} 硫酸电解液中的 CV

氮气吹扫，$dE/dt=0.1V\cdot s^{-1}$，为了更清晰，第二条曲线有所偏移；E_{RHE}—氢参比电极电势；I—电流

属电极，将正向扫描中电流上升的值外推，与 x 轴相交，可以获得穿透电位 E_B。

参考文献

Gerischer，H.（1958）*Angew. Chem.* 70，285.

Kaesche，H.（2003）*Corrosion of Metals.* Springer，Berlin.

Revie，R. W. and Uhlig，H. H.（eds）（2000）*Uhlig's Corrosion Handbook*，John Wiley & Sons, Inc.，New York.

Roberge，P. R.（2006）*Corrosion Basics：An Introduction*，2nd edn. NACE International，Houston，TX.

问题

（1）循环伏安法是稳态测量方法吗？

（2）从循环伏安图中能否推导出溶解物质的氧化还原电势 E_{red}（形式电位 E_0）？

（3）如何区分几何表面积和真实表面积？

实验 3.12：慢扫描循环伏安法

任务

采用慢扫描循环伏安法研究 Pb/Pb^{2+} 和 Pb^{2+}/Pb^{4+} 氧化还原体系的电化学性能。

原理

循环伏安法是一种扫描速率可以设置在非常宽的可能值范围内的恒电位法。根据名称可知，该方法为暂态测量方法（有时也称为准稳态测量方法）。当扫描速率非常低时，系统接近稳态，而扫描速率较高时则会引发研究系统的暂态响应。本节实验采用极低的扫描速率，因此，得到的结果与阶跃法测量电流密度与电极电势的关系曲线类似，即电极电势以小增量阶跃并在其达到稳定值后记录引起的电流。

为了研究该氧化还原体系，建议使用两种导致极端不同响应的电解质体系。这也充分说明了 W. Nernst 首次提出的电极定义的必要性，即电子传导材料与离子溶液相接触形成的结合体（例如铅线和硫酸或高氯酸）。铅离子在高氯酸中溶解度很高 [在 $T=25\,℃$ 时，水溶液中 $Pb(ClO_4)_2$ 的质量分数可达 81%]，而在硫酸中，铅离子的溶解度很差（$T=25\,℃$ 时，水溶液中 $PbSO_4$ 的质量分数只有 0.0084%），故而 $PbSO_4$ 决定了体系的性能。高氯酸电解质溶液中形成第一类电极（有时也称为溶液电极），硫酸溶液中形成第二类电极。

在高氯酸（体系Ⅰ）中，发生如下氧化还原反应：

$$Pb^{2+} + 2e^- \Longleftrightarrow Pb \tag{3.73}$$

$$Pb^{2+} + 2H_2O \Longleftrightarrow PbO_2 + 4H^+ + 2e^- \tag{3.74}$$

考虑到铅本身在高氯酸中不会钝化，但会在阳极完全溶解，因此用铂片代替铅箔，可以研究第二个氧化还原反应 [式（3.74）]。

在硫酸水溶液（体系Ⅱ）中，最著名的反应是铅酸蓄电池（车辆启动装置的蓄电池，见实验 6.1 和 EC：441），反应式如下：

$$PbSO_4 + 2e^- \Longleftrightarrow Pb + SO_4^{2-} \tag{3.75}$$

$$PbSO_4 + 2H_2O \Longleftrightarrow PbO_2 + 4H^+ + SO_4^{2-} + 2e^- \tag{3.76}$$

对于本实验，可用商业铅片/箔[❶]作电极。

实施

化学品和仪器

$1\,mol \cdot L^{-1}$ 硫酸水溶液

$1\,mol \cdot L^{-1}$ $Pb(ClO_4)_2$ 溶液

冰醋酸和过氧化氢水溶液（30%）的 1∶1 混合物（用于去除铂片中痕量 PbO_2）

---

❶　有时，商用铅可能含有本身具有电化学活性的合金成分，这可能会导致意外的实验伪影。当没有足够纯的铅可用时，可以使用铅酸电池的一块电极；其中使用的合金化金属不会引起伪影。

恒电位仪

三角波电压扫描发生器

X-Y 记录仪（可用带接口卡的 PC 代替）

两个铂电极

两个铅电极

聚四氟乙烯胶带

硫酸亚汞和铅线参比电极（HRE）

三电极电池（H 型电池）

设置

本节实验所用为各种仪器的组合（恒电位仪、函数发生器、记录仪、电脑），因此不需要特意说明仪器接线方案。

对于体系 Ⅰ（高氯酸）的实验，铂片用作工作电极和对电极，铅线用作参比电极。在与含有 Pb（ClO$_4$）$_2$ 的电解液接触的铅线上，建立了 Pb/Pb^{2+} 电极的氧化还原电位。铅线与含 Pb（ClO$_4$）$_2$ 的电解液接触，构成了 Pb/Pb^{2+} 电极，具有氧化还原电位。

对于体系 Ⅱ，铅片用作工作电极。用 PTFE 带缠绕铅片，留下精确控制面积的表面，作为电极活性表面。以相同方式制备铅片或用先前实验中的铅线作为对电极。建议使用硫酸亚汞参比电极，但也可用氢参比电极代替，在这种情况下，下面给出的电极电势值需要进行转换。

步骤

在 $-10\text{mV} < E < 2000\text{mV}$ 电极电势范围内，以 $\mathrm{d}E/\mathrm{d}t = 1\text{mV} \cdot \text{s}^{-1}$ 的扫描速率测量其循环伏安曲线。理论上，上述两种氧化还原过程都在此电势窗口内进行，可以根据实际情况稍微调整电势上下限。观察到的电流密度不应该超过 $j = 100\text{mA} \cdot \text{cm}^{-2}$。如果需要测量迁移电荷（如通过测量一条循环伏安曲线下的面积），应在较窄的电极电势范围内单独测量一种氧化还原过程的循环伏安曲线图。

对于使用硫酸亚汞参比电极的体系 Ⅱ，电极电势范围应为 $-1600\text{mV} < E < 1600\text{mV}$。

评价

图 3.23 显示了体系 Ⅰ 的完整循环伏安曲线。将循环伏安曲线下与阳极铅溶解和阴极铅沉积相关的区域进行积分可得到其各自的电荷。确定铅沉积电荷时需要注意负向和正向扫描下的面积都要计算。结果显示阳极和阴极电荷相等，表明铅电极（Pb/Pb^{2+} 氧化还原体系）过程是可逆的。循环伏安图中的电流-电势曲线以大

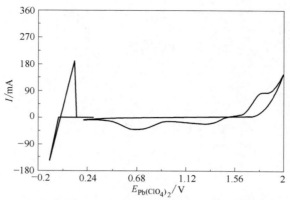

图 3.23　铂电极在 1mol·L^{-1} Pb（ClO$_4$）$_2$ 电解液中的循环伏安曲线

$dE/dt = 2\text{mV·s}^{-1}$；$E_{\text{Pb(ClO}_4)_2}$—Pb(ClO$_4$)$_2$ 电势；I—电流

斜率穿过坐标轴，显示出快速电极动力学和大交换电流密度（$j_{00} \approx 100\text{A·}$ cm^{-2}）。对 Pb^{2+}/Pb^{4+} 氧化还原体系进行同样的评估，结果表明该过程非常不理想，即 PbO$_2$ 的形成需要相当大的过电位，其循环伏安曲线穿过 x 轴的斜率极小，这意味着其交换电流密度较小（$j_{00} \approx 1\text{mA·}$ cm^{-2}）。

图 3.24 展示了体系 II 的完整循环伏安曲线。铅的溶解和沉积收率都较高。在 Pb^{2+}/Pb^{4+} 氧化还原电对中，二氧化铅中的氧原子很难分离。然而，将 PbO$_2$ 还原过程中消耗的电荷与 PbSO$_4$ 形成过程（Pb/Pb^{2+} 氧化还原对）中消耗的电荷进行比较，发现 Pb^{2+}/Pb^{4+} 氧化还原体系具有本质可逆性。在负向电位扫描过程中观察到的阳极电流峰值是由于形成的中间体 Pb^{3+} 氧化了水中的氧原子，生成了氧气。

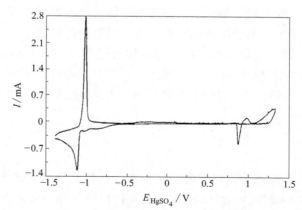

图 3.24　铅电极在 1mol·L^{-1}硫酸电解液中的循环伏安曲线

$dE/dt = 2\text{mV·s}^{-1}$；$E_{\text{HgSO}_4}$—HgSO$_4$ 电势；I—电流

参考文献

Beck, F. (1979) in *The Electrochemistry of Lead* (*ed. A. T. Kuhn*), Academic Press, New York, p. 65.

Sunderland, J. G. (1976) *J. Electroanal. Chem.* 71, 341.

实验 3.13: 循环伏安法的动力学研究

任务

采用循环伏安法测定氧化还原体系的交换电流密度 j_0 和对称系数 α。

原理

假设质量传递仅通过扩散进行（即由浓度梯度驱动），一个静止电极（即不移动）到溶液（不移动，如搅拌）间的质量传递过程，就可以进行适当数学处理。循环伏安法可用于确定电极电荷转移过程的动力学参数（交换电流密度 j_0 和对称系数 α）。在本节实验中，只考虑可观察变量与这些动力学参数之间的关系。相关复杂的数学计算细节，可以在文献中找到[❶]。

图 3.25 展示了金属电极在含有氧化还原体系的电解质溶液中的循环伏安图。

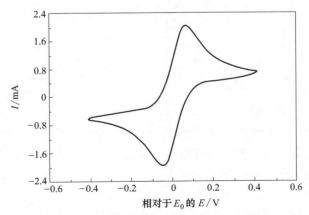

图 3.25 Fe^{2+} / Fe^{3+} 氧化还原体系的 CV

$dE/dt = 50mV \cdot s^{-1}$ 下单次循环扫描，铂电极，电解液为 $5mmol \cdot L^{-1}$

$Fe(NH_4)(SO_4)_2 \cdot 12H_2O + 5mmol \cdot L^{-1} FeSO_4 \cdot 7H_2O$ 和 $0.5mol \cdot L^{-1} H_2SO_4$ 溶液

---

❶ 参见本节实验末的参考文献。

一个氧化还原体系：

$$Ox^+ + e^- \longrightarrow Red^0 \qquad (3.77)$$

其简单的循环伏安图的特征参数为：

① 电流峰的高度 I_p；

② 电流峰对应的电势之差 ΔE_p；

通过数学计算，获得 I_p（或电流密度峰值 j_p）、峰电势差 ΔE_p、扫描速率 $v = dE/dt$、动力学参数交换电流密度 j_{00} 和对称系数 α 之间的关系。

在电极反应相对缓慢[❶]的情况下，根据下式，阴极电流峰值取决于扫描速率：

$$I_p = 3.01 \times 10^5 A n^{\frac{3}{2}} \left(1 \times \alpha\right)^{\frac{1}{2}} D_{ox}^{\frac{1}{2}} c_{0,\,ox} \sqrt{v} \qquad (3.78)$$

I_p 和 $v^{1/2}$ 为一次方关系，计算其斜率可以得到 α。以相同的方法计算氧化反应。可以从峰电势差推导得到速率常数 k_0，可根据下式计算交换电流密度：

$$j_0 = F k_0 c_{ox}^{\alpha} c_{red}^{1-\alpha} \qquad (3.79)$$

如表 3.1 所示，每个 ΔE_p 对应一个 Y 值。由于该关系不能用数字表示，因此可以用图形计算 Y 值（图 3.26）。速率常数可以通过 Y 值计算得到，如下所示：

$$Y = \left(D_{ox}/D_{red}\right)^{\frac{\alpha}{2}} k_0 \left(RT\right)^{\frac{1}{2}} / \left(nFvD_{ox}\right)^{\frac{1}{2}} \qquad (3.80)$$

表 3.1　Y 和 ΔE_p 的数值

Y	$\Delta E_p/mV$	Y	$\Delta E_p/mV$
20	61	1	84
7	63	0.75	92
5	65	0.5	105
4	66	0.35	121
3	68	0.25	141
2	72	0.1	212

在循环伏安曲线测试时，电位极限主要是析氧或析氢开始时的起始电位，或相对于氧化还原峰而言充分正和负的电位。

---

❶ 这种情况通常称为不可逆反应，而快速反应称为可逆反应。不幸的是，化学（包括电化学）中"可逆"和"不可逆"两个术语的使用相当混乱。在热力学中两个术语的定义明确，当用于研究反应机理时，术语"可逆"描述的是一个反应沿同一路径同时在相反方向（正向和逆向）上进行。这种描述也适用于电极反应（例如，此处研究的氧化还原体系）。此外，当电荷转移反应速率高到足以将电极表面的反应物（氧化还原组分）比率保持在能斯特方程给出的值时，术语"可逆"也适用于电荷转移反应的速率。对于不可逆反应，要达到该比率是比较缓慢的。

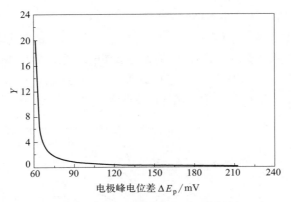

图 3.26 Y 值与 ΔEₚ 的关系曲线

实施

化学品和仪器

0.5mol·L⁻¹ 硫酸水溶液

0.05mol·L⁻¹ Fe(NH₄)(SO₄)₂·12H₂O 溶液（储备溶液）

0.05mol·L⁻¹ FeSO₄·7H₂O 溶液（储备溶液）

氮气（吹扫气体）

恒电位仪

三角波电压扫描发生器

X-Y 记录仪（可用带接口卡的 PC 代替）

三个铂电极

三电极电池（H 型电池）

设置

本节实验所用为各种仪器（恒电位仪、函数发生器、记录仪、电脑）的组合，因此不需要特意说明仪器接线方案。只需使用简单的铂电极，而不需要参比电极。将电极浸入含有所研究的氧化还原体系的两种组分的电解液中，建立该氧化还原体系的剩余电势 E_0，该电势是贯穿本实验的参考点。

步骤

本节实验研究了 0.05mol·L⁻¹ 硫酸电解液中铂电极上的 Fe^{2+}/Fe^{3+} 氧化还原体系。各离子的扩散系数为：

$$D_{red} = 5.04 \times 10^{-6} cm^2 \cdot s^{-1}$$
$$D_{ox} = 4.65 \times 10^{-6} cm^2 \cdot s^{-1}$$

通过混合足量硫酸溶液和储备溶液制备 5mmol·L⁻¹ Fe（NH₄）（SO₄）₂·12H₂O、5mmol·L⁻¹ FeSO₄·7H₂O 和 0.5mol·L⁻¹ H₂SO₄ 的混合溶液，将其转移到电池中。用氩气或氮气吹扫约 10min，除去溶解在电解质溶液中的痕量氧。在不同的扫描速率下（dE/dt = 0.1mV·s⁻¹、0.2mV·s⁻¹、0.4mV·s⁻¹、0.6mV·s⁻¹、0.8mV·s⁻¹ 和 1.0mV·s⁻¹）记录循环伏安曲线。典型结果如图 3.27 所示。

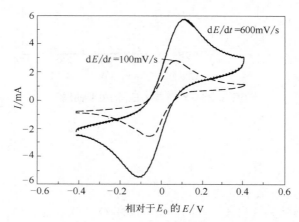

图 3.27　Fe²⁺/Fe³⁺ 氧化还原体系的 CVs

不同扫描速率的单次循环扫描，铂电极，电解液为 5mmol·L⁻¹Fe（NH₄）（SO₄）₂·12H₂O＋5mmol·L⁻¹ FeSO₄·7H₂O 和 0.5mol·L⁻¹ H₂SO₄ 溶液，氮气吹扫

评价

峰电流与扫描速率的关系曲线如图 3.28 所示。

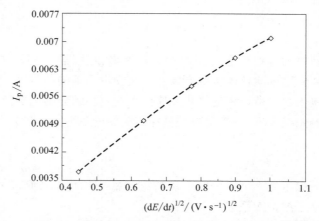

图 3.28　图 3.27 中氧化还原体系的峰电流对（dE/dt）¹ᐟ² 的曲线图

dE/dt—扫描速率；I_p—峰电流

根据以下公式可以利用曲线斜率 a 计算对称系数 α：

$$1-\alpha=\left[\frac{a}{3.01\times10^5 An^{\frac{3}{2}}(4.65\times10^{-6})^{\frac{1}{2}}c_{0,\,ox}}\right]^2 \qquad (3.81)$$

如果得到的是电流密度峰值，而不是电流峰值（比如此处），则式（3.81）应删除电极面积 A。在此处的示例中，$\alpha=0.55$。对于粗糙度高的电极，应考虑前面实验中确定的粗糙因子来确定电极的实际表面积。

根据表 3.1 中给出的数据，绘制了校准曲线（如图 3.26 所示）。从循环伏安曲线中获得了与 ΔE_p 相对应的 Y 值，用于计算 k_0 和 j_{00}。从图 3.27 所示循环伏安曲线中，获得了以下结果（表 3.2）。

表 3.2　循环伏安法结果

$(dE/dt)/(V \cdot s^{-1})$	$\Delta E_p/V$	Y	$k_0/(cm \cdot s^{-1})$
0.2	0.115	0.45	0.002840
0.4	0.140	0.224	0.001999
0.6	0.145	0.224	0.002448
0.8	0.150	0.224	0.002827
1.0	0.180	0.14	0.001976

最终，获得速率常数平均值 $k_0=0.002418 cm \cdot s^{-1}$，交换电流密度 $j_0=1.1 mA \cdot cm^{-2}$。

参考文献

Bard，A. J. and Faulkner，L. R.（2001）*Electrochemical Methods*，226. John Wiley & Sons, Inc.，New York.

Nicholson，R. S.（1965）*Anal. Chem.* 37，1351.

实验 3.14：循环伏安图的数值模拟

任务

通过循环伏安实验的数值模拟确定氧化还原体系的动力学数据，包括交换电流密度 j_0 和对称系数 α。

原理

氧化还原体系的动力学数据（交换电流密度 j_0 和对称系数 α）可以通过实验获得的循环伏安图的数值模拟来确定。文献中提供了数值模拟所需的通用数学基础知识。在本书写作时，许多模拟程序以及带有一些模拟实验数据的自动拟合程序可以作为免费的公共领域软件、共享软件和商用软件使用。由于可用性、价格和许可模式一直在改变，故而此处不提供程序列表。这里显示的结果是通过 Polar 4.3 软件（黄博士私人有限公司）获得的，也可以使用入门书（D. K. Gosser, Jr., *Cyclic Voltammetry*, Wiley-VCH Verlag GmbH, Weinheim, 1993.）提供的软件来进行模拟和拟合。

实施

化学品和仪器

5mmol $\cdot$ L^{-1} K$_3$Fe（CN）$_6$ + 0.5mol $\cdot$ L^{-1} K$_2$SO$_4$ 溶液

恒电位仪

三角波电压扫描发生器

X-Y 记录仪（可用带接口卡的 PC 代替）

两个铂电极

饱和甘汞参比电极

三电极电池（H 型电池）

设置

本节实验所用为各种仪器（恒电位仪、函数发生器、记录仪、电脑）的组合，因此不需要特意说明仪器接线方案。可以简单地使用铂电极代替饱和甘汞参比电极。将电极浸入含有所研究的氧化还原体系的两种组分的电解液中，建立该氧化还原体系的剩余电势 E_0，该电势是贯穿本实验的参考点。在这种情况下，氧化还原电位的形式电位 E_0 不在如下所述的评价中确定。

步骤

通过对实测循环伏安曲线进行数值模拟，得到了动力学数据。典型示例如图 3.29 和图 3.30 所示。在模拟过程中，应仔细确定输入的电极表面积、支持电解质和氧化还原体系浓度以及扫描速率。E_0 是初始估计值，精确值 $E_{0, \text{SCE}} = 0.235\text{V}$ 是通过模拟程序确定的。

得到的动力学数据 $k_0 = 3.1 \times 10^{-3}$ cm $\cdot$ s^{-2}，$\alpha = 0.5$。

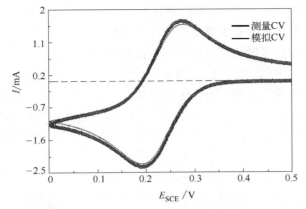

图 3.29　扫描速率 dE/dt= 0.1V·s⁻¹ 的测量 CV 和模拟 CV

E_{SCE}—相对于饱和甘汞电极的电极电位；I—电流

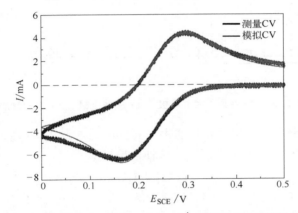

图 3.30　扫描速率 dE/dt= 1V·s⁻¹ 的测量 CV 和模拟 CV

E_{SCE}—相对于饱和甘汞电极的电极电位；I—电流

实验 3.15：微电极循环伏安法

任务

利用微电极，以各种扫描速率测量循环伏安图，并将其与基于各种传递模式的预期值进行比较。

原理

对于电化学中常用形状和尺寸的工作电极（如直径几毫米的圆盘电极、尺寸

为几平方厘米的金属板电极），可以假设反应物的传质方式是平面扩散。极谱法中汞滴具有极小尺寸，并且具有极圆的球形表面，因此为球形扩散。当电极活性表面积具有与扩散层厚度相同数量级的特征尺寸（圆盘直径、条带宽度）时，在电极 | 溶液相边界中也发现了类似的球形扩散。在典型实验条件中，该特征尺寸是几微米。在这样的微电极上进行的也是球形扩散。微电极可以通过将细金属或碳线或纤维（直径几微米）嵌入惰性材料（玻璃、树脂）中来制备。活性电极表面可以以与周围表面齐平的方式嵌入，但也可以想象为连接到细线的突出半球或小球。

平面或线性扩散定律不再适用于微电极。图 3.31 展示了"大"电极的线性扩散和微电极的球形扩散的质量传递方式（见 EC：201）。这种扩散模式的变化也导致循环伏安曲线形状的显著变化，因为电极尺寸是能斯特扩散层厚度的典型尺寸。

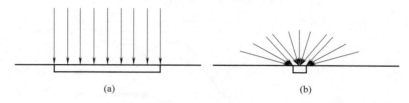

图 3.31　在平面（大）电极（a）和微电极（b）上的传质

该图表明，到微电极的质量传递由平面扩散的通量 I_p 和球形扩散的额外贡献 I_{sph} 组成。在扩散限制的情况下，两种通量相加：

$$I = I_p + I_{sph} \tag{3.82}$$

利用微电极（假设是嵌入绝缘材料中的圆盘）的半径 r 和形状因子 a，得到电流为：

$$I_{sph} = arnFDc \tag{3.83}$$

对于平面圆盘，$a = 4$；对于球体，$a = 4\pi$；对于半球，$a = 2\pi$。两种电流的相对贡献取决于典型电极尺寸 r_0 与扩散层厚度之比，可以使用商值 Dt/r_0^2 作为时间 t 的标准。上述比值大于 1，即扩散层厚度远远大于 r_0 时，电流达到在循环伏安图中容易观察到恒定极限值。反之，则可以观察到具有阳极和阴极电流峰值的典型循环伏安图形状。由于电极电势的扫描速率 v 是恒定的，故而电极电位 E 等价于用作标准的商值中的参数时间 t。因此，在不同扫描速率下，使用固定尺寸 r_0 的电极可以很容易证明这两种情况。图 3.32 显示了直径 $r_0 = 0.001 \text{cm}$ 的圆盘电极的模拟循环伏安曲线，清晰地显示了扫描速率和电极直径的影响。在相同的扫描速率下，电极直径增加一个数量级，循环伏安曲线就会呈现和前面章节相同的传统形状（见图 3.33）；而在此基础上，再将扫描速率降低一个数量级，可以再次观察到限制电流。本节实验定性地检验了这些效应。

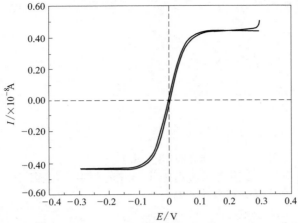

图 3.32 $r_0 = 0.001cm$ 的微电极在扫描速率 $dE/dt = 0.01V \cdot s^{-1}$ 下的模拟 CV

E—电势；I—电流

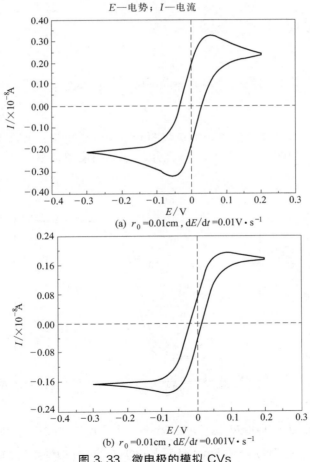

(a) $r_0 = 0.01cm$，$dE/dt = 0.01V \cdot s^{-1}$

(b) $r_0 = 0.01cm$，$dE/dt = 0.001V \cdot s^{-1}$

图 3.33 微电极的模拟 CVs

E—电势；I—电流

实施

化学品和仪器

5mmol·L^{-1} K$_3$Fe（CN）$_6$＋5mmol·L^{-1} K$_4$Fe（CN）$_6$＋0.5mol·L^{-1} K$_2$SO$_4$ 溶液

氮气（吹扫气体）

恒电位仪

三角波电压扫描发生器

X-Y 记录仪（可用带接口卡的 PC 代替）

微电极（制备见"1 引言：实用电化学综述"中"电极"）

两个铂电极（对电极和参比电极）

三电极电池（H 型电池）

设置

使用循环伏安法的标准设置（见实验 3.11）。

步骤

用氮气吹扫饱和的电解质溶液，以不同的扫描速率测量循环伏安曲线。

评价

将碳纤维嵌入玻璃毛细管内的环氧树脂，得到微电极，其在不同扫描速率下获得的 CV 曲线如图 3.34 和图 3.35 所示。在低扫描速率下，观察到具有扩散限

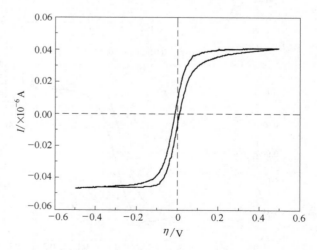

图 3.34　dE/dt＝0.005V·s^{-1}，在 5mmol·L^{-1} K$_3$Fe（CN）$_6$＋5mmol·L^{-1}

K$_4$Fe（CN）$_6$＋0.5mol·L^{-1} K$_2$SO$_4$ 电解液中的微电极的 CV

η—过电势；I—电流

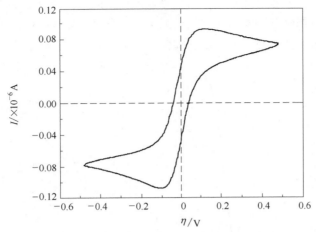

图 3.35　$dE/dt = 0.1V \cdot s^{-1}$，在 $5mmol \cdot L^{-1} K_3Fe(CN)_6 + 5mmol \cdot L^{-1}$
$K_4Fe(CN)_6 + 0.5mol \cdot L^{-1} K_2SO_4$ 电解液中的微电极的 CV

η—过电势；I—电流

制电流的微电极的典型 CV 曲线；同样的设置，以较高的扫描速率得到传统的
CV 曲线。

实验 3.16：有机分子的循环伏安法

任务

用循环伏安法研究 N,N-二甲基苯胺和 2,6-二甲基苯胺的反应，推导电化学
反应和化学反应的反路径。

原理

除应用于上述电极动力学研究、形式电位 E_0 测定、双电层电容测定、电极
实际表面积测定以及通过电荷转移发生溶解或吸附物质转化时的电极电势测定之
外，循环伏安法还可以用于研究反应前后或进行中耦合的一系列均相或非均相化
学反应的电荷迁移的复杂反应路径及机理。这一极具吸引力的应用潜力，使循环
伏安法成为有机化学和无机化学，特别是有机金属化学和配位化学中的常用分析
方法。对配位金属离子及其配体的电子转移的研究，有助于理解对键合模式、反
应性以及分子内和分子间相互作用关系。

根据研究类型，可以进行从目标或系统属性定义的初始电势开始到最终电势

的单次电势扫描，或者从起始电势到电势极限并反向扫描回到起始电势[1]的单次或多次循环扫描。虽然前面实验所述的研究中，只有峰电位和峰电流是重要的，但以下进一步的细节也是有意义的，这些细节在模拟 CV 曲线中显示（图 3.36）。

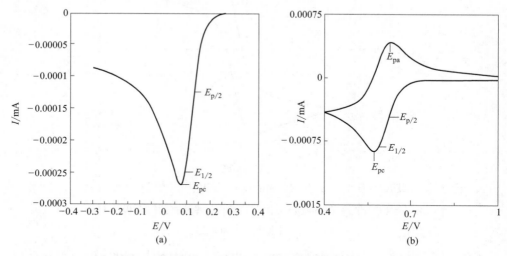

图 3.36　标注典型值的单次电势扫描（a）和单次循环扫描（b）的模拟 CV 曲线

E—电势；I—电流

在本节中，我们主要关注峰电势 E_{pa} 和 E_{pc} 及其对应的峰电流 I_a 和 I_c。在大多数情况下，所谓的半波电位 $E_{1/2}$（与极谱法类似，参见实验 4.8）就是半峰电位 $E_{p/2}$[2]（mV）。其数学关系式虽然非常简单，但应用需要相关电极反应的知识：

$$E_{p/2} = E_{1/2} + 1.09\frac{RT}{nF} = E_{1/2} + 0.028/n \qquad (3.84)$$

如果在第一次还原过程中通过电子迁移形成的物种被进一步地还原（EE 机理[3]），那基本可以观察到如图 3.37 所示的 CV 曲线。

当第一次电子迁移发生后，接着发生化学反应（ECE 机理）时，CV 曲线会发生很大的变化，如图 3.38 所示。

第一次还原过程中生成的物种，在随后的化学反应中，被转化为阳极扫描过程中第二次电流波后还原的物种。这些还原物种可以再次被氧化，但不会出现第二次阳极波或仅有非常弱的阳极波。这是因为第一次还原过程生成的物种，在化学反应中被消耗掉了，因此在图中几乎没有这些物种的信息响应。

---

[1]　在循环实验中，这些电势更适合称为电势上限（阳极）和电势下限（阴极）。

[2]　它们都是真正的 E_0。

[3]　描述反应路径时，用字母 E 表示电子转移，字母 C 表示化学反应。

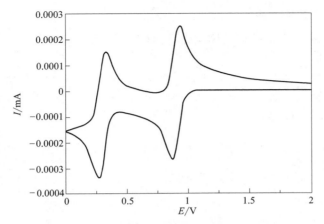

图 3.37　循环电势扫描下两个连续电子迁移反应的模拟 CV 曲线

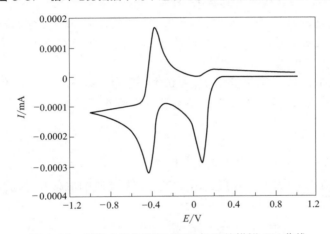

图 3.38　循环电势扫描下 ECE 机理的模拟 CV 曲线

分析第二个峰与扫描速率的关系，可获得相关化学反应速率的信息。因为化学反应中，第一还原产物很快消失了，随着时间增加，该峰值（第二个峰值）将增加。反过来讲，由于第二个还原反应依赖于第一个还原反应的发生，这可能导致第一和第二还原峰峰值之比的变化。

实施

化学品和仪器

$2mmol \cdot L^{-1}$ N,N-二甲基苯胺 $+0.5mol \cdot L^{-1}$ H_2SO_4 溶液

$10mmol \cdot L^{-1}$ $2,6$-二甲基苯胺 $+0.5mol \cdot L^{-1}$ H_2SO_4 溶液

氮气（吹扫气体）

恒电位仪

三角波电压扫描发生器

X-Y 记录仪（可用带接口卡的 PC 代替）

氢参比电极

两个铂电极

两个金电极

三电极电池（H 型电池）

设置

使用循环伏安法的标准设置（见实验 3.11）。

步骤

（1） N,N-二甲基苯胺的氧化

在铂电极上，从初始电势 $E_{RHE}=0.4V$ 开始，以 $dE/dt=0.1V \cdot s^{-1}$ 的扫描速率到电势上限 $E_{RHE}=1.14V$，测得了一系列循环伏安曲线。

（2） 2,6-二甲基苯胺的氧化

在金电极上，从初始电势 $E_{RHE}=0.4V$ 开始，以 $dE/dt=0.1V \cdot s^{-1}$ 的扫描速率到电势上限 $E_{RHE}=1.14V$，测得了一系列循环伏安曲线。

评价

（1） N,N-二甲基苯胺的氧化（图 3.39）

在第一次阳极扫描中，观察到 N,N-二甲基苯胺的氧化在约 $E_{RHE}=1.1V$ 处出现阳极峰。

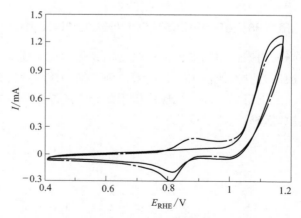

图 3.39 铂电极在 2mmol · L^{-1} N,N-二甲基苯胺+ 0.5mol · L^{-1} H$_2$SO$_4$

电解液中第一次和第十次扫描的 CV 曲线

$dE/dt=0.1V \cdot s^{-1}$；E_{RHE}—相对于相对氢电极的电极电位；I—电流

阴极扫描过程中，在 $E_{RHE}=0.82V$ 附近发现电流峰，该峰不能归因于之前形成的氧化产物的还原，因为与该还原波对应的阳极波应在 $E_{RHE}=0.89V$ 附近形成，在进一步循环扫描期间两个峰的高度均增加。考虑最初生成的阳离子自由基，推测形成了 N,N,N',N'-四甲基联苯胺。电解液呈现浅黄色也验证了这一观点。通过测量该化合物的 CV 曲线，可以证明此处发现的峰对确实被再次观察到。相应的反应方程式如图 3.40 所示。

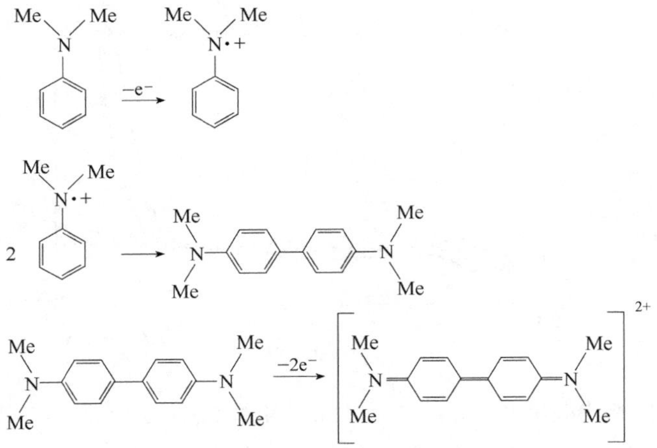

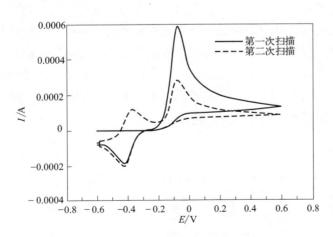

图 3.40　N,N-二甲基苯胺及其后续产物的转化反应路径

该观点也可以通过模拟 CV 曲线（图 3.41）进一步验证。

图 3.41　ECE 机理的模拟 CV 曲线

对于此模拟，假设物种以还原态形式存在，其在 $E=0V$ 时被电氧化，氧化产物被化学反应转化为具有电活性的化合物（ECE 机制），氧化还原电位 $E_0 = -0.4V$。在第一次扫描过程中仅观察到还原波，而第二次扫描过程还观察到再氧化波。由于初始物质被消耗，原本较大的阳极峰显著变小。

（2） 2,6-二甲基苯胺的氧化（图 3.42）

2,6-二甲基苯胺的行为与 N,N-二甲基苯胺明显不同。

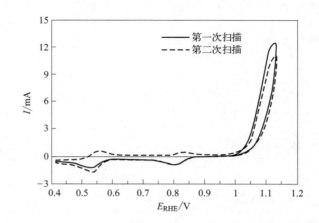

图 3.42　金电极在 10mmol · L^{-1} 2,6-二甲基苯胺 + 0.5mol · L^{-1} H$_2$SO$_4$
电解液中第一次和第二次扫描的 CV

$dE/dt = 0.1V \cdot s^{-1}$；$E_{RHE}$—相对于相对氢电极的电极电位；$I$—电流

在第一次扫描过程中，观察到初始物质的阳极氧化，并且该氧化产物在随后的两个还原步骤中被还原。在第二次扫描过程中，发现了与这些还原峰相关的两个氧化峰，大的氧化峰有所降低。由于对电解质溶液进行一定的搅拌后，这两个氧化还原峰对表现出完全相同的行为，故而不能将其与电极上吸附的低聚物或聚合物相联系。建议使用具有特定基团的化合物（比如，由尾对尾偶联形成的取代联苯胺[1]和由头对尾偶联生成的对苯二胺），测量其 CV 曲线，来验证引起这些氧化还原峰的物质种类。

参考文献

Hand，R. L. and Nelson，R. F. (1974) *J. Am. Chem. Soc.* 96，850.

Mizoguchi，T. and Adams，R. N. (1962) *J. Am. Chem. Soc.* 84，2058.

Speiser，B. (1999) *Curr. Org. Chem.* 3，171.

Speiser，B. (1996) in *Electroanalytical Chemistry*，vol. 19 (ed. A. J. Bard)，Marcel Dekker，New York，p. 1.

---

❶　未取代的联苯胺具有高度致癌性，取代联苯胺的危险性较小，但也应小心处理。

实验 3.17：非水溶液中的循环伏安法

任务

用循环伏安法研究二茂铁在非水电解质溶液中的氧化还原电化学特性。

原理

循环伏安法越来越多地被用于研究水溶液和非水溶液中的电化学过程。尽管两种溶剂和溶液的电化学原理相同，但要关注一些与仪器和实验细节选择的差异。比如，要注意选择合适的参比电极、仔细排除电化学池中的氧气和水分以及彻底清洁干燥所有试剂和设备等。除了这些最显而易见的注意事项之外的复杂环节，本实验考虑了系统动力学和参比电位的建立，在乙腈中以高氯酸四乙铵为电解质，研究了二茂铁在铂电极上的氧化还原行为。

实施

化学品和仪器

乙腈（经提纯干燥❶）

高氯酸四乙铵（经干燥）

二茂铁

吹扫气体（氮气）

两个铂电极

氯化银参比电极（填充支持电解质溶液）

三电极池（H 型电池）

循环伏安法测试设备

设置

使用循环伏安法的标准设置（见实验 3.11）。考虑到乙腈对健康的危害，溶液除氧后的吹扫气体应通过管道输送到通风橱中。

步骤

支持电解质溶液由溶剂和电解质盐制备而成，该溶液也用于填充参比电极

---

❶ 乙腈提纯过程见本书引言部分。

（内含一些固体氯化银和银线）。根据所需二茂铁溶液的浓度（$1mmol \cdot L^{-1}$）和电解池内加入的溶液体积精确计算二茂铁质量，称量后添加到电解池的主室中，以不同的扫描速率记录循环伏安数据。上述操作应迅速完成，以降低环境中的水分影响。

评价

图 3.43 所示的一组典型的 CV 曲线展示了简单氧化还原系统的预期响应。由于非水电解质溶液的离子电导率，显著低于水性电解液的离子电导率，因此可能对恒电位仪的操作带来较大的难度。比如，建立工作电极电位（恒电位仪的顺应性）所需的反电极输出电压可能不足，导致 CV 峰形太小（不明显）。这种现象在高扫描速率下尤其明显。此外，从一些噪声曲线中可以看出，图像信噪比较差。峰值电位差 ΔE_p 随扫描速率增加，表明电子转移速率较慢，交换电流较低。每圈循环中氧化、还原峰中间的电位值（也称为氧化还原电位、形式电位或者 E_0）恒定于 $E_{Ag/AgCl} = 0.45V$。由于二茂铁/二茂铁盐体系经常用作参考体系，所以其电位值测量非常重要。由于在研究其他体系时，已经获得了银/氯化银参比电极的电位值，因此有了这个基准值，就可以直接获得二茂铁体系的电位值。后续研究其他以二茂铁体系作为参比电极的电化学体系时，就不需要再用循环伏安法单独测量二茂铁体系的电位值。

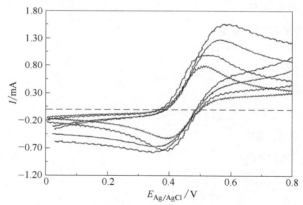

图 3.43　铂电极在 $1mmol \cdot L^{-1}$ 的二茂铁溶液中，以 $0.1mol \cdot L^{-1}Et_4NClO_4$ 的乙腈溶液为电解液的循环伏安曲线，电压扫速分别为
$0.05V \cdot s^{-1}$、$0.1V \cdot s^{-1}$、$0.5V \cdot s^{-1}$、$1V \cdot s^{-1}$

参考文献

Gosser，D. K.，Jr.（1993）*Cyclic Voltammetry*. Wiley-VCH Verlag GmbH，Wienheim.

实验 3.18：连续电极过程的循环伏安法测试

任务

用循环伏安法研究一种高度取代芳香胺的电氧化反应途径。

原理

有机分子 A 经过电氧化后可以产生阳离子自由基 $A^+ \cdot$。这种反应中间体既可以继续和体系中的其他物质（溶剂分子、其他有机分子 A 等）反应，也可以被进一步氧化，生成 A^{2+}，进而引发出更多反应。由于存在竞争性反应途径，故所获得的典型 CV 曲线，实际上包括了多种反应的氧化电位和反应速率。这也导致扫描速率、反应限制等因素和所得 CV 曲线之间形成复杂的相互依赖关系。

本实验仅考虑电化学反应过程，式（3.85）所示的反应的 CV 曲线如图 3.44 所示。

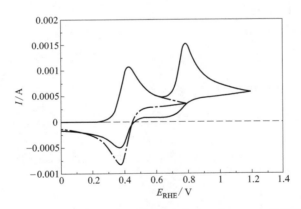

图 3.44 不同阳极电位范围下的 EEC 机理的 CV 模拟图

使用 CVSIM 模拟（见实验 3.14）

$$A \Longrightarrow A^+ \cdot + e^- \Longrightarrow A^{2+} + 2e^- \Longrightarrow B \qquad (3.85)$$

当阳极电位低于将自由基阳离子（A^+）转化为二价阳离子（A^{2+}）所需的电位值时，可以获得该氧化还原反应（$A \Longrightarrow A^+ + e^-$）正常的 CV 响应曲线。在电位更高时，会发生后一个反应（$A^+ + e^- \Longrightarrow A^{2+} + 2e^-$）。由于此处假设二价阳离子快速发生后续反应（变为 B），因而无法观察到其还原过程。但若使用较慢的化学反应或较高的扫描速率，则可观察到两个还原峰。在这两种情况下，都可以在二价阳离子完全消耗之前，达到还原电位。

以 N,N,N',N'-四甲基对苯二胺为例（如图 3.45 所示）。在水溶液中，可以很容易地观察到可逆电氧化反应产生的自由基阳离子[❶]。经过进一步氧化生成了二价阳离子，接着在水溶液中受到溶剂组分的亲核攻击反应而逐渐消耗。

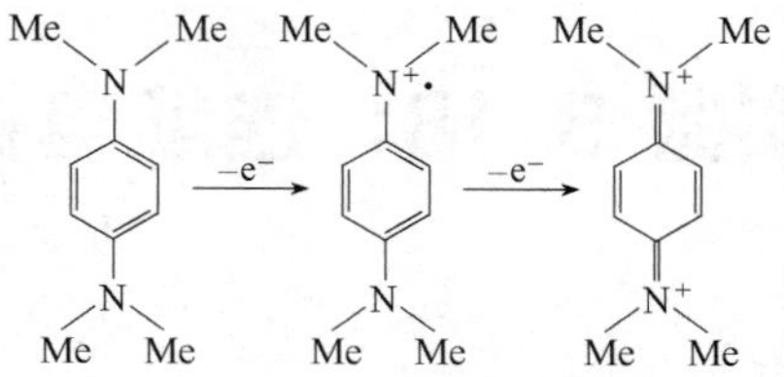

图 3.45 N,N,N',N'-四甲基对苯二胺转化反应示意图

实施

化学品和仪器

2mmol $\cdot$ L^{-1} N,N,N',N'-四甲基对苯二胺溶液（溶剂为 0.5mol $\cdot$ L^{-1} H$_2$SO$_4$ 水溶液）

吹扫气体（氮气）

两个铂电极

氢参比电极

三电极池（H 型电池）

循环伏安法测试设备

设置

使用循环伏安的标准设置（见实验 3.11）。

步骤

以不同的扫描速率和不同的阳极电位范围进行循环伏安测试。

评价

图 3.46 和图 3.47 展示了在其他条件不变时，通过改变电位范围得到的典型的 CV 曲线。作为空白对照，图中画出了电解液的 CV 曲线。

图 3.46 中可以观察到预期的氧化还原峰对。还原峰相比氧化峰较低，说明自由基阳离子还原反应和进一步氧化反应之间存在竞争，这一竞争可以通过峰高比描述。在图 3.47 中，很容易观察到二价阳离子的形成，但几乎观察不到相应

---

❶ 该化合物也称为武斯特蓝（Wurster's blue），因为氧化产物呈现非常明显的蓝色，被用作武斯特试剂。Casimir Wurster（1856—1913）首次观察到 N,N-二甲对苯二胺氧化产物明显的蓝色和红色，他假设着色物质为亚胺盐。事实上，它们是自由基阳离子。

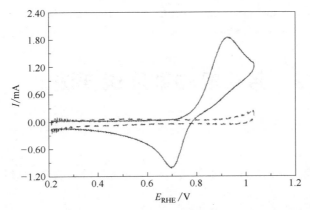

图 3.46　2mmol·L^{-1} N,N,N',N'-四甲基对苯二胺溶液（溶剂为
0.5mol·L^{-1} H$_2$SO$_4$ 水溶液）的 CV 曲线（经氮气吹扫）（一）

电压扫速为 0.1V·s^{-1}；作为空白对照，以虚线画出了电解液的 CV 曲线

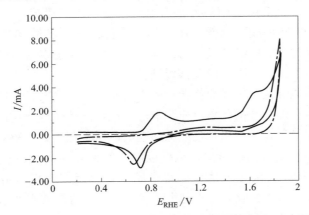

图 3.47　2mmol·L^{-1} N,N,N',N'-四甲基对苯二胺溶液（溶剂为
0.5mol·L^{-1} H$_2$SO$_4$ 水溶液）的 CV 曲线（经氮气吹扫）（二）

电压扫速为 0.1V·s^{-1}；作为空白对照，以点划线画出了电解液的 CV 曲线

的还原峰，说明二价阳离子被快速转化为其他物质。

　　通过与支持电解质溶液的 CV 曲线比较发现，铂电极表面形成了氧吸附物。在胺的存在下，这一过程不太明显。因而氧吸附物的还原峰可以很容易地和自由基阳离子还原峰区分，不会发生混淆。❶

参考文献

Adams，R. N.（1969）*Electrochemistry at Solid Electrodes*. Marcel Dekker，New York.

---

❶　这一系统性的方法很重要。然而溶剂背景的 CV 曲线经常被忽视，可能导致严重的分峰问题。

Hand, R., Melicharek, M., Scoggin, D. I., Stotz, R., Carpenter, A. K., and Nelson, R. F. (1971) *Collect. Czech. Chem. Commun.*, 36, 842.

实验 3.19: 芳香烃的循环伏安法

任务

使用循环伏安法研究非水电解质溶液中芳香烃的阳极和阴极转化。

原理

中性分子的电氧化和电还原过程都会产生自由基离子。这些自由基离子可能在进一步的化学反应中被消耗，也可能继续转化成二价自由基离子。具体的继续反应途径取决于电解质溶液的组成，而电解液的组成又可能受到化学反应的影响。上述过程的 CV 曲线形状受电压扫速、电位范围等实验参数的影响（如图 3.44 所示）。通过 CV 曲线可以得到化学、电化学反应速率的相关信息，可对部分反应参数进行估计，甚至可以直接得到精确值。

中性分子的电氧化和电还原都会产生自由基离子。同时，受电解质溶液的组成影响，它们可在进一步的化学反应中消耗，也可能转化成非自由基二离子。反过来，这些变化又可能受到化学反应的影响。以这些分子为实验对象，所得的循环伏安图的曲线形状与扫描速率、电位极限和其他实验参数直接相关（参见图 3.44）。这些 CV 还提供了精确计算化学和电化学反应速率所需的信息。例如 6,10-二苯蒽（如图 3.48 所示）的电化学行为，电解质溶液中的水含量，显著影响了单体和单体间的进一步化学反应。

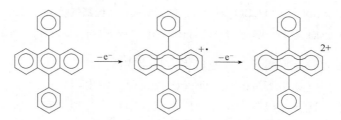

图 3.48 6,10-二苯蒽转化反应示意图

实施

化学品和仪器

2mmol·L^{-1} 6,10 二苯蒽 ＋ 0.1mol·L^{-1} 四乙基氯化铵的乙腈溶液（经提

纯干燥❶）

　　吹扫气体（氮气）

　　两个铂电极

　　氯化银参比电极（填充支持电解质溶液）

　　三电极电池（H 型电解池）

　　循环伏安法测试设备

设置

　　使用循环伏安法的标准设置（见实验 3.11）。考虑到乙腈对健康的危害，溶液除氧后的吹扫气体应通过管道输送到通风橱中。

步骤

　　支持电解质溶液由溶剂和电解质盐制备而成，该溶液也用于填充参比电极（内含一些固体氯化银和银线）。上述操作应迅速完成，以降低环境中的水分影响。称量适量的 6,10-二苯蒽，配置出浓度为 2mmol·L^{-1} 的溶液，加入到 H 型电解池的主池中。以不同电压扫速进行循环伏安测试，随后向体系中加入 2%～5%体积的水后再次进行测量。

评价

　　图 3.49 所示的 CV 曲线展示了第一步氧化还原过程。在图 3.50 中，通过设置更高的电位范围，可以在 CV 曲线中同时看到后续的氧化还原过程。二价阳离

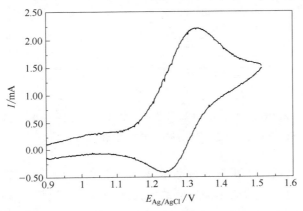

图 3.49　铂电极在 2mmol·L^{-1} 6,10-二苯蒽+ 0.1mol·L^{-1} 四乙基氯化铵的乙腈溶液中的循环伏安曲线（经氮气吹扫），电压扫速为 0.1V·s^{-1}（一）

---

❶　痕量水对实验有很大的影响，应充分干燥。

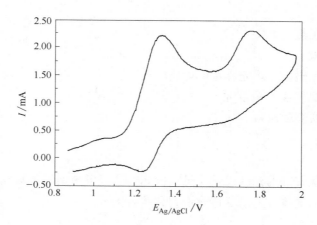

图 3.50　铂电极在 2mmol · L^{-1} 6,10-二苯蒽+ 0.1mol · L^{-1} 四乙基氯化铵的乙腈溶液中的
循环伏安曲线（经氮气吹扫），电压扫速为 0.1V · s^{-1}（二）

子生成后迅速发生反应，导致第二个氧化峰并没有对应的还原峰。在图 3.51 中
可以看到两个还原峰。

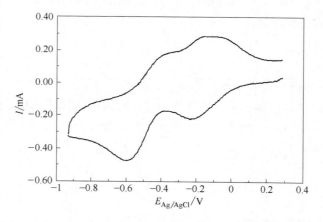

图 3.51　铂电极在 2mmol · L^{-1} 6,10-二苯蒽+ 0.1mol · L^{-1} 四乙基氯化铵的乙腈溶液中的
循环伏安曲线（经氮气吹扫），电压扫速为 0.1V · s^{-1}（三）

很明显，二价阳离子在生成后迅速反应，导致相应的还原峰几乎消失。在体
系中加入少量水后，后续的化学反应效率大大提高，导致第一步氧化还原过程变
得不可逆。

参考文献

Dietz，R. and Larcombe，B. E. (1970) *J. Chem. Soc. B*，1970，1369.

实验 3. 20：苯胺和聚苯胺循环伏安法

任务

（1）在含有单体的溶液中，使用电化学方法在金属电极上制备聚合物膜。

（2）在不含单体的溶液中，使用电化学方法对聚合物膜进行表征。

原理

大多数电化学合成反应经历从底物分子到单体产物的过程。在部分情况下（和在普通有机合成过程中相似），反应会产生多种不明确或不需要的副产物。既大大降低了目标产物的收率，又使混合产物的处理变得复杂。在一些想要获得聚合物产品的过程中，使用电泳涂覆操作时，电化学步骤并不直接参与成膜，但在许多含杂原子分子的情况下，自由基阳离子的氧化可能导致生成聚合物。自由基阳离子可以通过自身的自由基反应（自由基-自由基偶联）或与其他底物分子反应，形成低聚物和高聚物。这些聚合物在电极上沉淀，成膜。

使用三电极体系研究循环伏安特性时，可以很容易在酸性环境中研究苯胺及其取代的金属在金电极或铂电极上的反应。该方法还可以研究聚合物的电化学诱导变化（如颜色、电导率的变化），具体案例见实验 5.1。

自 1862 年以来，人们就知道苯胺在铂电极上可以通过电聚合产生黑色物质。 1910 年，用化学氧化苯胺的方法，获得了类似的产物，称为聚苯胺（也称翠绿亚胺，emeraldine）和苯胺黑（nigraniline）。这些产物由苯胺低聚物组成，平均含有 8 个苯胺单元，并通过苯环对位的氮原子和碳原子偶联。电化学和光谱研究证明，化学氧化和电化学氧化得到的产物是一致的。最近的研究还证实了早先的猜测——氮原子确实是与对位的碳原子进行偶联的。然而，聚苯胺的真实结构、形成机制以及化学或电化学诱导变化（氧化和还原）的影响目前仍有争论。

由于在掺杂（例如，通过氧化方法进行掺杂）后表现出导电性，近年来，这类化合物被统一命名为本质导电聚合物（ICP）。其中，聚苯胺、聚吡咯或聚噻吩等具有较高的应用价值。应用领域包括包装材料的导电涂层（防止静电充电）、防腐、替代电线中的金属丝、从分子电子学到光伏等等。因此，这些材料被广泛深入研究。

在酸性环境下，溶液中的苯胺在铂电极上发生吸附、氧化，进一步反应生成聚苯胺。这种聚合物以薄膜形式存在于铂电极上，呈现出有趣的电化学、电学和光学行为。在中性状态下，该聚合物电导率较低。随着氧化程度的增加，聚合物电导率急剧升高，但氧化程度过高也会导致电导率下降。聚合物膜最初为无色至浅黄色，在持续氧化过程中，首先变为祖母绿，再变为黑色（电致变色）。这种变化是可逆的，即聚合物的性质可以在各种状态之间随意切换。

在本实验中，在铂电极上用电化学法制备聚苯胺。使用循环伏安法监测聚合物膜的生长，并在电解质溶液中研究聚合物膜的氧化还原性质，解释了膜的可视变化。

实施
化学品和仪器

$0.1 mol \cdot L^{-1}$ 苯胺＋$0.1 mol \cdot L^{-1}$ 高氯酸水溶液
$1 mol \cdot L^{-1}$ 高氯酸水溶液
吹扫气体（氮气）
两个铂电极
氢参比电极
三电极池（H 型电池）
循环伏安法测试设备

设置

使用循环伏安法的标准设置（见实验 3.11）。

步骤

在含有苯胺的电解质溶液中，设置三电极体系，包括铂工作电极、铂对电极以及氢参比电极（仅填充高氯酸）。阴极电位限 $E_{RHE} = 0V$，阳极电位限 $E_{RHE} = 1V$，电压扫速为 $1V \cdot s^{-1}$，聚苯胺会沉积在铂电极（工作电极）上。如果没有观察到形成聚合物膜，可以略微增加阳极电位上限。记录第 1～10、20、30、100 次循环。最后，电极电位回到 $E_{RHE} = 0V$，此时聚合物处于中性和几乎无色的状态，化学性质相对稳定。

将恒电位仪切换到待机模式，用电解质溶液替换含苯胺的溶液，仔细用水冲洗涂膜电极，并再次浸入电解池中。在 $0.15V < E_{RHE} < 0.9V$ 的范围内，以不同的扫速（$0.01V \cdot s^{-1}$、$0.02V \cdot s^{-1}$、$0.03V \cdot s^{-1}$……$0.1V \cdot s^{-1}$）进行循环伏安测试，可以观察到聚合物颜色的变化。

随后，保持电压扫速不变，以 $0.05V$ 的增量增加循环伏安的阳极电位限，研究聚合物膜的过氧化过程，直至 $E_{RHE} = 1.5V$。每次增加电位限后，取第三圈循环伏安数据。

本实验也可以使用相同浓度的 N-甲基苯胺或邻甲苯胺代替苯胺。实验方法及参数设置相同。

评价

如图 3.52 所示，在聚苯胺沉积过程中记录的一组 CV 曲线图中，应绘制并讨论第一阳极峰随时间（循环次数）的变化。同时，在单体到聚合物的反应式中应考虑电子和质子等因素。

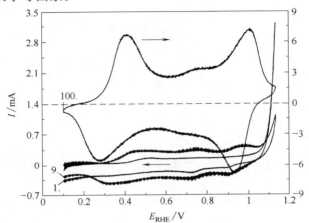

图 3.52　铂电极在 0.1mol·L^{-1} 苯胺，　0.1mol·L^{-1} HClO$_4$ 水溶液中的循环伏安曲线（经氮气吹扫）

电压扫速为 0.1V·s^{-1}；循环圈数在图中标出

图 3.52 CVs 中观察到的第一个峰是由聚合物膜的氧化引起的（绿色转变为黑色）。由于苯胺的氧化需要在更高的电极电位下进行（图中展示出对应的峰），所以第一个峰不是由苯胺氧化引起的。沉积聚合物的量与电流峰值高度大致对应。图 3.53 所示的循环圈数和峰值高度之间的关系展示出一定的特征。电流增加速率随着循环圈数的增加而越来越快，可能是由于铂电极表面的成核过程

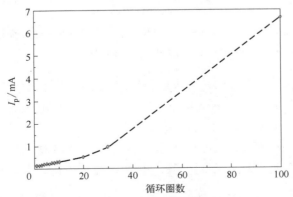

图 3.53　图 3.52 中峰电流随循环圈数的变化

促进了聚合物膜的生长，该结果可用于估算成膜动力学。

图 3.54 展示了不同电压扫速下聚合物膜的 CV 曲线。$I \approx v^n$，式中，指数 n 可以通过适当的作图、拟合得出，如图 3.55 所示。

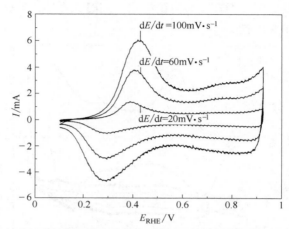

图 3.54　铂电极上聚苯胺膜在 $1\text{mol} \cdot \text{L}^{-1}$ HClO_4 水溶液中的 CV 曲线（经氮气吹扫）

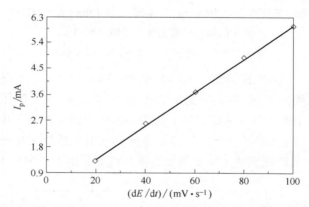

图 3.55　铂电极上聚苯胺膜在 $1\text{mol} \cdot \text{L}^{-1}$ HClO_4 水溶液中的峰值电流图（经氮气吹扫）

峰值电流与电压扫速呈现函数关系

示例中的指数为 $n = 0.94$，与表面限制氧化还原系统的预期值 $n = 1$ 非常接近。（A. J. Bard and L. R. Faulkner, *Electrochemical Methods*, John Wiley & Sons, Inc., New York, 2001, p. 591）

在较高的扫描速率下，离子侧的质量传递和电荷传输（而不是在金属-聚合物界面处的传输）逐渐成为限制步骤；指数 n 连续下降，并接近循环伏安法中已知的值 $n = 0.5$。

聚苯胺膜的电致变色现象，可根据电极电位的变化，以及结合观察结果进行定性讨论，详情见实验 5.1。过氧化过程的循环伏安曲线如图 3.56 所示。由醌型结构产物降解，在两个主峰之间，形成了一个新的氧化还原峰对。该现象是阳极最大电位范围内， CV 曲线上最明显的响应特征。

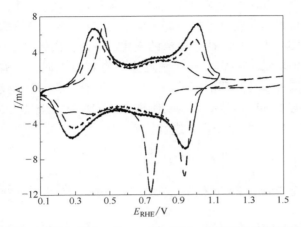

图 3.56　铂电极上聚苯胺膜在 1mol·L^{-1} HClO$_4$ 水溶液中过氧化过程的 CV 曲线

参考文献

Kaner, R. B. and MacDiarmid, A. G. (1988) *Sci. Am.*, 268 (2), 106.

Menke, K. and Roth, S. (1986) *Chem. Unserer Zeit.*, 20, 33.

Monk, P. M. S., Mortimer, R. J., and Rosseinsky, D. R. (1995) *Electrochromism：Fundamentals and Applications.* Wiley-VCH Verlag GmbH, Weinheim.

实验 3. 21: 恒电流阶跃测量法[1]

任务

在恒电流的条件下测量过渡时间。

原理

通过向电解槽施加恒定电流，引发阴极的还原反应。在本实验研究案例中，电解质水溶液包含 1mol·L^{-1} 氯化钾（电解质）和 3mmol·L^{-1} 乙酸镉。阴极反应为

---

[1]　该方法也称为计时电位法。

$$Cd^{2+} + 2e^- \longrightarrow Cd \qquad (3.86)$$

使用表面积较大的汞电极（可将电解槽底部设置为汞池）作为对电极（阳极），并在该电极处建立甘汞电极（$1mol \cdot L^{-1}$）的电位。这是由于，该电极仅在小电流下就能保持几乎恒定的电位，因此必须保证大的表面积及相应控制小的电流密度，汞电极的电位偏移才能忽略不计。对于小的阴极（汞滴）而言，电池电压的所有变化实际上等同于阴极电势的变化。通过控制镉离子的扩散、迁移和对流，可维持阴极电流的恒定。当使用过量的电解质盐时，可有效抑制离子迁移，溶液中的电场梯度（迁移的驱动力）可忽略不计。由于测量是在静态溶液中进行的，因此有必要消除对流的影响。镉离子的流量、电流 I、电流密度 j 和相关浓度梯度，可根据 Fick 第一定律进行计算

$$j = zFD \left(\frac{\partial c_{Cd^{2+}}}{\partial x} \right)_{x=0} \qquad (3.87)$$

由于保持恒定电流，$x = 0$ 处的浓度梯度必须具有相同的斜率，如图 3.57 所示。

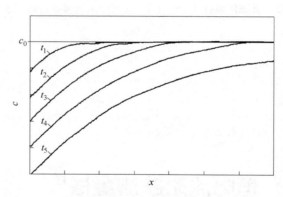

图 3.57　离子浓度分布随时间的变化：$t_1 < t_n < t_5$

随着反应的发生，电极表面的镉离子浓度迅速降低，以建立浓度梯度维持反应的进行。一旦表面上的镉离子浓度达到零，镉离子的还原不再支持阴极电流，另一个在更负电极电位下的电极反应将开始。本例中的水电解析氢反应就是这样一个反应。在电池电压与测量时间的关系图中，当电池电压（即阴极电势）突然增加时，就意味着第二个（析氢）反应的开始。从实验开始到这一时刻所经过的时间称为过渡时间 τ，此时的电流或电流密度、镉离子浓度和时间之间的关系可以使用 Fick 第二定律从 $C_{Cd^{2+}} = 0$ 计算得出：

$$j \sqrt{\tau} = \left[\frac{zF \sqrt{\pi} \sqrt{D}}{2} \right] c_{Cd^{2+}} \qquad (3.88)$$

上式称为 Sand 方程。镉离子浓度一定时，j 和 τ 都为定值。本实验中，将

汞滴用作阴极，其主要优点是金属沉积过程简单，金属表面时刻保持干净且形状固定，不会产生显著的结晶过电位，也不会形成金属沉积物（如汞合金）。使用极谱仪或嵌在玻璃中的金丝头可以非常简便地制备这种滴汞电极。

严格地说，在该汞滴上，只有球形扩散定律是有效的。在较短的过渡时间和/或较大的液滴半径下，导出的方程将转化为上述方程。该方法可用于分析在各种施加电流和给定浓度下的过渡时间，并以图形方式展示（图 3.58 和图 3.59）。对于含有未知浓度可还原离子的溶液，重复该过程。给定过渡时间，未知离子浓度可以通过 $I(c_0)/I(c_x) = c_0/c_x$ 得到。该方法的实用价值受到可准确测量的浓度范围和过渡时间的限制。

实施
化学品和仪器

$0.01 \text{mol} \cdot \text{L}^{-1} \text{Cd}(\text{CH}_3\text{COO})_2 + 1 \text{mol} \cdot \text{L}^{-1} \text{KCl}$ 的水溶液

滴汞电极

吹扫气体（氮气）

烧杯或极谱池

Y-t 记录仪

小电流可调电流源（恒电流仪）

电子开关

设置

将电解液填充到电池中。加入汞后，汞（由于密度大）沉积在电池底部，用作池电极。该池电极连接到电流源的正极端（例如将铂丝嵌入玻璃管中，浸入到池中）。滴汞电极连接与开关连接，开关连接至负极端（开关处于断开状态）。两个电极都连接到记录仪（灵敏度 0.5V/cm）。

步骤

用氮气吹扫溶液约 10min，设置几微安的电流。启动记录仪，闭合开关。待系统的过渡时间结束后，重复氮气吹扫，以消除溶液中浓度梯度。设置不同的电流参数重复该过程。根据经验确定产生可测量的过渡时间的参数组合。

评价

图 3.58 展示了一组典型的电压-时间曲线。图 3.59 展示了电流随过渡时间变化的曲线图。

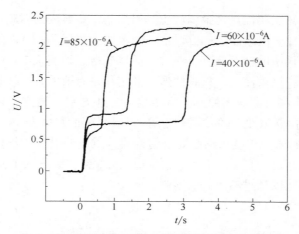

图 3.58　计时电位实验中获得的典型电压-时间图

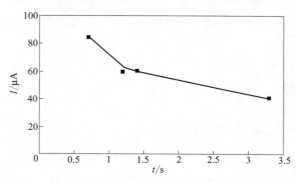

图 3.59　图 3.58 中电流与过渡时间的关系图

参考文献

A. J. Bard and L. R. Faulkner：*Electrochemical Methods*，Wiley，New York 2001，p. 305.

问题

（1）为什么可以使用线性扩散方程代替球形扩散方程？

（2）在搅拌状态下或没有电解质的情况下，该实验是否可行？

实验 3.22：超级电容器电极的循环伏安法

任务

制备一种典型的超级电容器电极，并用循环伏安法进行表征。

原理

电容器和电池以及其他电化学储能装置都可以用于存储电能。前者不涉及（电）化学反应，存储过程简单地通过分离（充电模式）和重组（放电模式）进行。存储容量取决于装置的电容，而电容又取决于电容器板的表面积和距离。需要指出，在电解电容器中，例如在使用铝或钽氧化物作为非常薄的电介质，并且使两个电极之间的距离非常小，即使电极的表面积非常大，其可用容量也是非常有限的，其可储存的能量远低于电池的能量。然而，由于电容器具有良好大电流（即高功率）的特性，仍有非常高的应用价值。目前，已能获得大表面积和高电容值的材料。比如，活性炭通常具有非常大的比表面积（达数千平方米每克）。当活性炭电极与电解液接触时，形成双电层。两个此类电极组合成的电容，可简化为两个电容器的串联连接（如图 3.60 所示）。在两电极相同的情况下，总电容值（C）是单个双电层电容值（C_{dl}）的一半。

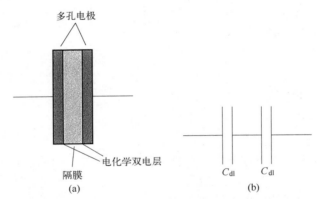

图 3.60　双电层电容器示意图（a）和双电层电容器等效电路图（b）

$$\frac{1}{C} = \frac{1}{C_{dl}} + \frac{1}{C_{dl}} = \frac{2}{C_{dl}} \qquad (3.89)$$

由此可以达到相当大的电容。电容电极的 CV 响应曲线具有近似矩形的形状。比如，在实验 3.11 中，在与电解质水溶液接触的铂的双电层研究中，就能观察到这种电容响应现象。

表面氧化还原反应（如使用过渡金属氧化物作为电极）可显著增加有效电容量，且它们对电极电位变化的响应具有电容的性质（相对于电池响应而言），这种行为被称为赝电容性，对应的器件称为赝电容。此类器件的电容由双电层电容和赝电容共同构成。两种电容对总电容的贡献比例取决于活性材料及其形态、表面积等因素。

通过循环伏安法和其他方法（见实验 6.4 和实验 6.5），可以对电极中包含的材料进行表征。在此，仅研究双层充电的电极 CV 曲线。作为纯电容性响应的电极，其 CV 曲线图呈现接近矩形的形状。

实施
化学品和仪器

自制超级电容电极

$1mol \cdot L^{-1}$ $LiClO_4$ 电解质水溶液

三电极电解池

对电极和参比电极

恒电位仪

设置

制备活性炭粉末和 PTFE 在水中的分散液，将其涂覆在合适的载体上。载体可以为不锈钢箔条、不锈钢网或简单的石墨棒（如铅笔芯）等。干燥后，将超级电容器电极浸入电解质溶液中。

步骤

进行不同扫速的循环伏安测试。

评价

不同扫描速率下记录的典型 CV 曲线如图 3.61 所示。电容值可通过积分确

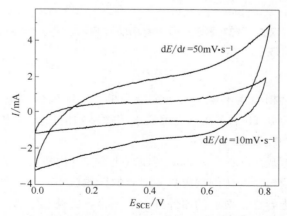

图 3.61 由 80%（质量分数）活性物质制成的 1.8mg 超级电容器电极的 CV 曲线

活性炭质量分数为 80%；乙炔黑质量分数为 10%；PTFE 质量分数为 10%。电解液为
$1mol \cdot L^{-1}$ $LiClO_4$ 水溶液（经氮气吹扫）；电压扫速已在图中标出

定。碳材料表面上的活性官能团，在通电过程中会被氧化还原。但这种氧化还原过程产生的电流波非常微小，很难被频繁地捕捉到，因此很难仅基于电流进行评估。

参考文献

Wu，Y. and Holze，R.（2019）*Electrochemical Energy Storage and Conversion*，Wiley-VCH Verlag GmbH，Weinheim.

问题

解释表观电容值随电压扫速增加而减小的原因。

实验 3.23：计时电流法[1]

任务

通过计时电流法测定电极的表面积。

原理

在极短时间内（理想情况下为瞬间）向电极施加一定的电位，可使与之接触的电解质溶液（含有溶解性氧化还原反应）产生电流。根据能斯特方程，电流的产生是由界面处电解质组成的变化（特别是氧化剂和还原剂的浓度）引起的，需要确立一个新的电位值。最初，电流非常大，基本上仅受电解液的欧姆电阻限制。一部分电流用于对电化学双层进行再充电。随后，由于溶液中的传质限制，电流将很快降低。在电极表面的反应物浓度为零时，体系总电流 $I_{lim, diff}$ 为扩散限制电流，该电流由消耗物种的浓度分布剖面控制。作为时间的函数，浓度分布剖面向溶液深处延伸，其斜率也相应减小，由扩散流支持的电流也减小。经过数学处理，可得到 Cottrell 方程 [F. G. Cottrell, Z. *Phys. Chem.*, 42（1902）385]：

$$I（t）=I_D（t）=\frac{nF\sqrt{D}c_0 A}{\sqrt{\pi}\times\sqrt{t}}=k_{Cot}t^{-\frac{1}{2}} \qquad (3.90)$$

通过数学变形，$It^{1/2}$ 项为常数，因此可以求得式（3.90）中的其他参数。

---

[1] 因为使用了有关电位与时间的程序，该方法也被称为恒电位阶跃法。

实施

化学品和仪器

0.005mol·L^{-1} K$_4$Fe（CN）$_6$＋0.5mol·L^{-1} K$_2$SO$_4$ 水溶液

两个金电极

硫酸亚汞参比电极

吹扫气体（氮气）

恒电位仪

H 型电池

Y-t 记录仪或瞬态记录仪或具有足够快的 ADDA 转换器和软件的计算机

设置

金电极和参比电极放置在充满电解液的电解池中。恒电位仪与电极和计算机连接。

步骤

在用氮气吹扫电解质溶液之后，待系统自发建立静止电位后（由于氧化还原系统的第二组分刚开始不存在，可能需要一些时间来达到稳定值），施加电位阶跃。在电位阶跃至扩散电流受限的值后，记录电流变化的暂态过程。

评价

图 3.62 显示了 $E_{i,\,Hg_2SO_4}＝-0.63V$ 到 $E_{f,\,Hg_2SO_4}＝0.0V$ 电位阶跃后记录的典型瞬态过程。所获得的数据可用于确定球形金电极的表面积 $A＝0.41cm^2$。

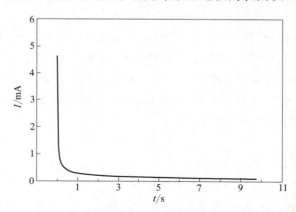

图 3.62 从 $E_{i,\,Hg_2SO_4}＝-0.63V$ 到 $E_{f,\,Hg_2SO_4}＝0.0V$ 的电位阶跃后电流变化的暂态过程

金电极：0.005mol·L^{-1} K$_4$Fe(CN)$_6$＋0.5mol·L^{-1} K$_2$SO$_4$ 的水溶液（经氮气吹扫）

实验 3.24：计时库仑法

任务

通过计时库仑法测量电极的表面积。

原理

向工作电极施加一定的电位，使电极反应受扩散限制，此时反应消耗的电荷可由 Cottrell 方程的积分形式描述：

$$Q = \frac{2nF\sqrt{D}c_0A\sqrt{t}}{\sqrt{\pi}} \tag{3.91}$$

除了该电荷之外，必须考虑充电电荷 Q_{DL} 与 Q_0。其中，Q_{DL} 是将双电层从对应于初始电极电势逐步到设置的电势所需的电荷。Q_0 是指在每一个充电步骤（如吸附）中都已经存在于电极上的那些物种的转化所需的电荷（即杂质反应所消耗的电荷）。Q_{DL} 和 Q_0 都与时间无关，可以通过反应电荷外推到 $t=0s$ 时获得。随后将二者在总电荷中减去，就可获得式（3.91）中的电荷值 Q。根据式（3.91），计时库仑法可用于确定反应物浓度、扩散系数和电极表面积。

该方法看起来与计时电流法（见实验 3.23）类似，而且由于其需要的积分器或库仑计也不是实验室的常用重要仪器，因此这种方法使用较少。由于电荷-系统对电位阶跃的响应信号在实验过程中不断增加，所以仅考虑远离电位阶跃处的电荷数据，并且这些数据很可能不受设备的任何瞬态行为（振铃效应造成的任何失真等）的影响。此外，积分具有平滑效果，可将电流信号上的噪声平均化处理❶。这两个优点都是计时电流测定法不具备的，计时电流法也无法测定 Q_{DL} 和 Q_0，上述优点使得计时库仑法仍有一定的实用价值。

实施
化学品和仪器

0.005mol · L⁻¹ K₄Fe（CN）₆+0.5mol · L⁻¹ K₂SO₄ 水溶液

---

❶ 可以使用快速 AD 转换器卡代替模拟积分器，通过数值积分可以容易地获得电荷量，平滑效果不是特别重要。

两个金电极

硫酸亚汞参比电极

吹扫气体（氮气）

恒电位仪

H 型电池

模拟积分器和 Y-t 记录仪或瞬态记录仪，或具有足够快的 ADDA 转换器和软件的计算机

设置

金电极和参比电极放置在充满电解液的电解池中。恒电位仪与电极和计算机连接。

步骤

清洗电解液后，施加电位阶跃，并记录消耗的电荷。

评价

典型的 Q-t 图如图 3.63 所示，Q_{DL} 和 Q_0 可忽略不计，曲线几乎完全穿过原点，进而得出本实验中使用的金电极的表面积 $A = 0.47cm^2$。

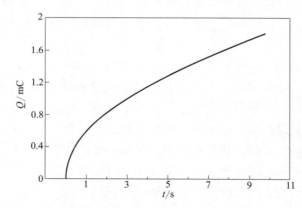

图 3.63　计时库仑实验中，从 $E_{MSE} = -0.67V$ 到 $E_{MSE} = 0.0V$

电位阶跃后电流变化暂态过程

金电极：$0.005mol \cdot L^{-1} K_4Fe(CN)_6 + 0.5mol \cdot L^{-1} K_2SO_4$ 的水溶液（经氮气吹扫）

参考文献

Anson, F. C. (1966) *Anal. Chem.*, 38, 54.

实验 3.25: 旋转圆盘电极

任务

（1）确定 $Fe(CN)_6^{3-}$ 离子的扩散系数。

（2）确定 $Fe(CN)_6^{3-/4-}$ 氧化还原体系的交换电流密度。

原理

在很多电极过程中，电流流动并不是受限于电荷转移步骤本身，而是受限于诸如传递过程或化学反应等更慢的步骤。如果可以用数学方法计算质量传递的影响，并随后利用实验数据消除这种影响，就可以研究本征电荷转移，并获得电荷转移反应的电流-电势曲线图。事实上，只有少数体系可以成功应用上述步骤，其中之一是旋转圆盘电极。在该体系中，电极是嵌入由绝缘材料制成的圆柱体的光滑轴向表面的圆盘（图3.64）。另外，可以在圆盘周围放置一个环形电极，以便研究圆盘电极上形成的产物（见以下实验）。

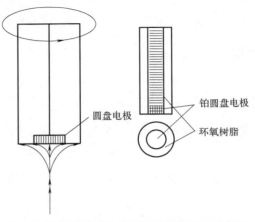

图 3.64　旋转圆盘电极的横截面及其流动轮廓

本实验探索了旋转圆盘电极（RDE）的各种实验可能性。

实施

化学品和仪器

$0.1mol \cdot L^{-1} K_3Fe(CN)_6 + 0.5mol \cdot L^{-1} K_2SO_4$ 的储备溶液

$0.1mol \cdot L^{-1} K_4Fe(CN)_6 + 0.5mol \cdot L^{-1} K_2SO_4$ 的储备溶液

$0.05mol \cdot L^{-1} H_2SO_4$ 水溶液

$0.1mol \cdot L^{-1} Fe(NH_4)(SO_4)_2 \cdot 12H_2O$ 的储备溶液

$0.1mol \cdot L^{-1} FeSO_4 \cdot 7H_2O$ 的储备溶液

带旋转铂圆盘电极和控制器的电池

铂丝对电极和参比电极

恒电位仪和信号发生器或具有足够快的 ADDA 转换器和软件的计算机

X-Y 记录仪

移液管 5mL

移液管 10mL

吹扫气体（氮气）

设置

将旋转圆盘电极与速度控制/电源供应单元相连接，圆盘电极、对电极和参考电极与恒电位仪相连接。在下述实验中，使用的圆盘电极表面积 $A = 0.29\text{cm}^2$，使用银/氯化银体系作为参比电极。可以使用铂丝电极代替，在铂丝上建立由氧化还原组分的浓度（活度）决定的氧化还原电势。用惰性气体吹扫溶液约 20min，然后将气体供应重新连接到入口，以便在溶液上方提供气体覆盖层。

步骤

吹扫电解液后，使氧化还原系统处于静置状态（不搅拌），溶液中包含 $5\text{mmol} \cdot \text{L}^{-1}$ $K_3Fe(CN)_6$ + $5\text{mmol} \cdot \text{L}^{-1}$ $K_4Fe(CN)_6$ + $0.5\text{mol} \cdot \text{L}^{-1}$ K_2SO_4，电压扫速为 $0.1\text{V} \cdot \text{s}^{-1}$，发生如下反应：

$$Fe(CN)_6^{3-} + e^- \Longleftrightarrow Fe(CN)_6^{4-} \tag{3.92}$$

得到如图 3.65 所示的 CV 曲线（也可见实验 3.14）。

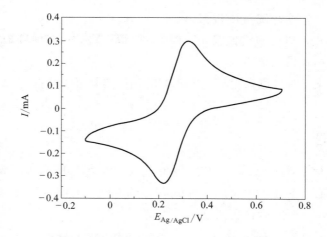

图 3.65　铂电极在 $5\text{mmol} \cdot \text{L}^{-1}$ $K_3Fe(CN)_6$+ $5\text{mmol} \cdot \text{L}^{-1}$ $K_4Fe(CN)_6$+ $0.5\text{mol} \cdot \text{L}^{-1}$ K_2SO_4 水溶液中的 CV 曲线，电压扫速为 $0.1\text{V} \cdot \text{s}^{-1}$

① 在实验的第一部分，记录了不同旋转速率下的电流密度与电极电势曲线，验证极限扩散电流密度和旋转速率的函数关系。图 3.66 展示了一组典型的实验结果，建议的旋转速率为 $200 \sim 800 \mathrm{min}^{-1}$。

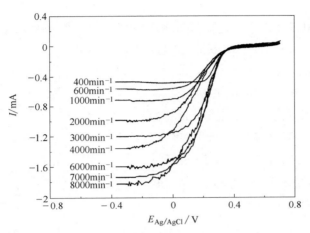

图 3.66　铂电极在 $5 \mathrm{mmol} \cdot \mathrm{L}^{-1} \mathrm{K}_3 \mathrm{Fe}(\mathrm{CN})_6 + 5 \mathrm{mmol} \cdot \mathrm{L}^{-1} \mathrm{K}_4 \mathrm{Fe}(\mathrm{CN})_6 +$

$0.5 \mathrm{mol} \cdot \mathrm{L}^{-1} \mathrm{K}_2 \mathrm{SO}_4$ 水溶液中的 CV 曲线（无平滑处理，只有负向部分）

电压扫速为 $0.1 \mathrm{V} \cdot \mathrm{s}^{-1}$；角速度在图中标出

② 根据极限电流密度 $j_{\lim}$ 与旋转速率 $\omega^{1/2}$ 的曲线拟合斜率得出三价离子的扩散系数（图 3.67）。如果形成普鲁士蓝膜（不一定肉眼可见，但会导致 CV 曲线变形），则可将工作电极交替浸入硫酸和氨水溶液中去除。

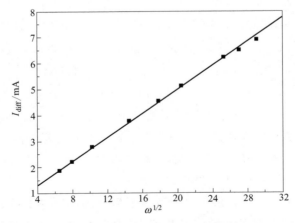

图 3.67　I_{diff} 与 $\omega^{1/2}$ 的拟合曲线（实验数据见图 3.66）

实验的第二部分在不同的旋转速率和非常低的过电位下（即远离扩散限制的

前提下），记录了电流密度对电极电位的曲线。由此获得塔菲尔曲线所需的数据，进而通过塔菲尔曲线求得交换电流密度 j_0。

评价

旋转圆盘电极理论中，旋转速率/角速度与极限扩散电流的关系如下：

$$I_{\text{diff}} = 0.62nFAD^{2/3}\nu^{-1/6}c\,\omega^{1/2} \qquad (3.93)$$

式中　I_{diff}——极限扩散电流，A；

　　　n——反应转移的电子数；

　　　D——反应物扩散系数，$cm^2 \cdot s^{-1}$；

　　　ν——电解质溶液的运动黏度，此处为 $1 \times 10^{-2}\,cm^2 \cdot s^{-1}$；

　　　c——反应物浓度，$mol \cdot cm^{-3}$；

　　　ω——角速度，$\omega = 2\pi F$，s^{-1}；

　　　f——频率，s^{-1}。

通过

$$J_{\text{diff}} = \frac{I_{\text{diff}}}{A} \qquad (3.94)$$

以及曲线的斜率 $\tan\alpha$（$A \cdot cm^{-2} \cdot s^{1/2}$），扩散系数（$cm^2 \cdot s^{-1}$）可以由下式得到

$$D = \left(\frac{\nu^{\frac{1}{6}}\tan\alpha}{0.62nFc}\right)^{3/2} \qquad (3.95)$$

结果表明 $D = 0.66 \times 10^{-5}\,cm^2 \cdot s^{-1}$。可利用已有文献值作为参考：$Fe(CN)_6^{3-}$ 的扩散系数为 $0.66 \times 10^{-5}\,cm^2 \cdot s^{-1}$，$Fe(CN)_6^{4-}$ 的扩散系数为 $0.57 \times 10^{-5}\,cm^2 \cdot s^{-1}$ [K. J. Kretschmar, C. H. Hamann, and F. FaBbender, *J. Electroanal. Chem.*, 60 (1975), 239]，$Fe(CN)_6^{3-}$ 的扩散系数为 $1.18 \times 10^{-5}\,cm^2 \cdot s^{-1}$（*Handbook of Chemistry and Physics*, 71st edn, 1991, pp. 6-151）

为了获得 Tafel 图（即电流与过电位的半对数关系图），必须使用旋转圆盘电极测试。通过在不同角速度下获得的 CV 数据中的电荷转移数值，以电流/电位值作图，并外推至无穷大的角速度来确定（EC：193）。图 3.68 展示了原始数据，图 3.69 展示了下一步处理结果。

通过外推获得的电荷转移电流（不再受质量转移影响）的塔菲尔曲线如图 3.70 所示。通过对 Y 轴的外推可以得到交换电流密度 j_0。根据图像的斜率可以获得对称系数 a 和转移电子数 n。在本例中，$n = 1$，$j_0 = 2.1\,mA \cdot cm^{-2}$。

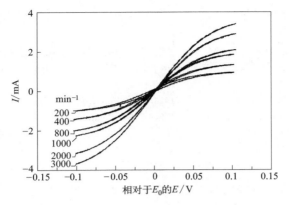

图 3.68　铂电极在 5mmol·L^{-1} K$_3$Fe（CN）$_6$+ 0.5mol·L^{-1} K$_2$SO$_4$ 水溶液中的 CV 曲线

电压扫速为 5mV·s^{-1}；角速度在图中标出；铂丝电极为参比电极

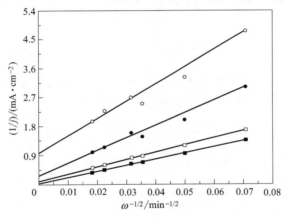

图 3.69　1/j 与 ω$^{-1/2}$ 的关系图（外推至 ω→∞）

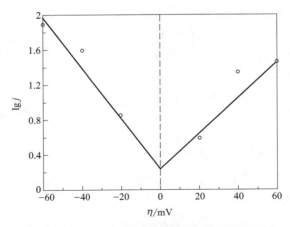

图 3.70　图 3.69 中的数据做出的塔菲尔曲线图

参考文献

Albery，W. J. and Hitchman，M. L. （1971）*Ring-Disc Electrodes*。Clarendon Press，Oxford．

Bard，A. J. and Faulkner，LR. （2001）*Electrochemical Methods*。John Wiley & Sons，Inc.，New York．

Gostisa-Mihelcic，B. and Vielstich，W. （1973）*Ber. Bunsenges. Phys. Chem*.，77，476．

Pleskov，Y. V. and Filinovskii，V. Y. （1976）*The Rotating Disc Electrode*。Consultants Bureau，New York．

问题

以可预测的方式旋转圆盘电极，会影响哪个过电位？

实验 3.26：旋转环盘电极

任务

（1）测定旋转环盘电极的收集系数 N。
（2）研究二价铜离子的电还原机理。

原理

在旋转圆盘电极上，电极过程的产物随着物质的流动沿切向运输。通过将环电极嵌入电极体并紧紧围绕圆盘电极，中间仅保留极薄的环形空隙，其中充满绝缘材料。该电极体系可以进一步进行有关的定性（识别）和定量研究。如图 3.71 所示，这种电极布置称为旋转环盘电极（RRDE）。

通过在环电极上施加合适的电极电位，进行下一步的电化学转化，可以鉴定在盘电极上产生的物质。由于从圆盘到圆环的粒子传输可以精确计算，对环电流的测量可提供

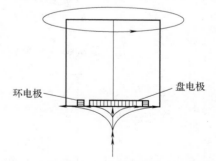

图 3.71　旋转环盘电极截面及流动剖面

更多定量的信息。如果本体溶液存在与电极反应相竞争的均相反应，使得来自盘电极的反应物部分扩散到本体溶液，那么在环电极上实际检测到的物质的量就会减少（相比不存在来自本体溶液的均相化学反应），则可以得到与本体溶液中均相化学反应速率有关的信息。

环电极上的极限扩散电流密度可以用圆盘电极中已有的数学公式来计算：

$$I_{R, diff} = 0.62nF\pi\left(r_3^2 - r_2^2\right)^{\frac{2}{3}} D^{\frac{2}{3}}\sqrt{\omega}\, v^{-\frac{1}{6}} c \tag{3.96}$$

结合式（3.93）给出的旋转圆盘电极上的极限扩散电流，对于给定的电极反应，两种电流的比值仅取决于半径：

$$\frac{I_{R, diff}}{I_{D, diff}} = \frac{\left(r_3^2 - r_2^2\right)^{\frac{2}{3}}}{r_1^2} \tag{3.97}$$

环电极上可以检测出圆盘电极反应产物，即电极总反应的可溶性中间产物，特别有利于阐明反应机理。在盘电极上产生的和在环电极上检测到的物质的比例用收集系数 N 表示，且 N 与角速度无关。由于数学运算复杂，N 的值被列成 r_3/r_2 和 r_2/r_1 的比值的集合［见参考文献 V. Yu. Filinovsky and Yu. V. Pleskov, in *Comprehensive Treatise of Electrochemistry*（eds E. Yeager, J. O'M. Bockris, B. E. Conway, and S. Sarangapani），Vol. 9, Plenum Press, New York, 1984, p. 339）］。例如，对于半径为 $r_1 = 2.28\text{mm}$，$r_2 = 2.58\text{mm}$，$r_3 = 2.73\text{mm}$ 的电极体系，使用下式对 N 进行近似计算：

$$N = \left(\frac{r_3^3 - r_2^3}{r_2^3 - r_1^3}\right)^{\frac{2}{3}} \times \left[\frac{1}{2.44 + \left(\frac{r_1^3}{r_2^3 - r_1^3}\right)^{\frac{2}{3}}} + \frac{1}{2.44 + \left(\frac{r_3^3 - r_2^3}{r_2^3 - r_1^3}\right)^{\frac{2}{3}}}\right.$$
$$\left. - \frac{1}{2.44 + \left(\frac{r_1^3}{r_3^3} \times \frac{r_3^3 - r_2^3}{r_2^3 - r_1^3}\right)^{\frac{2}{3}}}\right] \tag{3.98}$$

对于以上给定的电极，N 的理论值为 0.154。

二价铜离子的电还原是一个典型的反应例子，中间产物的识别是阐明反应机理的关键。反应可能有两种途径：①同时转移两个电子的直接还原过程；②分步：先还原产生一价铜离子，再进一步还原产生二价铜离子：

$$Cu^{2+} + e^- \longrightarrow Cu^+ \tag{3.99}$$
$$Cu^+ + e^- \longrightarrow Cu \tag{3.100}$$

这两种机制的区别取决于是否存在一价铜离子的中间产物。在环电极上施加 Cu^+ 的氧化电位，同时明确排除其他竞争反应，可以验证二价铜离子还原的反应机理。如果检测到环电流，说明 Cu^+ 在环电极上被还原，证明反应通过分步机制发生；如果没有，则证明反应遵循直接还原机制。

此外，通过环盘电极也可以得到进一步的反应动力学数据。如果环上形成的产物被本体溶液中的均相化学反应消耗，则 N 的实际观测值（表观值）将会降低。通过在合适设置的电极电位下测量 j_R，可以测定本体溶液中均相反应的反应速率。

实施

化学品和仪器

含 $1mmol \cdot L^{-1}$ $CuCl_2$ $+0.5mol \cdot L^{-1}$ KCl 的水溶液
具有铂基旋转环盘电极和控制器的电池
铂丝对电极
参比电极（饱和甘汞，银/氯化银）
双恒电位仪、信号发生器、两个 X-Y 记录仪或具有 ADDA 转换器及软件的电脑
吹扫气（氮气）

设置

旋转环盘电极连接调速/电源单元，环电极、盘电极、对电极和参比电极连接双恒电位仪。在下面的例子中，使用了硫酸亚汞参比电极（E_{MSE}）。溶液用惰性气体吹扫约20min后，气源重新连接到另一个入口，在溶液上方形成惰性气体层。这一操作特别重要，因为在高角速度下，电解质溶液可能会形成具有大表面积的涡流，带动溶液和上方气体接触。若上方气体含有氧气，即便只是痕量，也可能会溶解并在环电极上还原，从而检测到环电流，得到一价铜离子存在的错误结论。

步骤

图 3.72 显示了在不同角速度和恒定环电位下的一组典型结果。当 盘 电 极 电

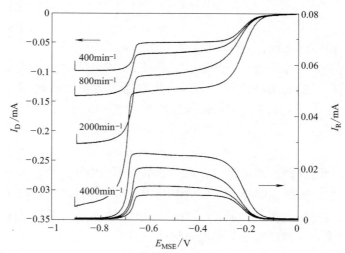

图 3.72　在 dE/dt= 10mV · s^{-1} 下，　1mmol · L^{-1} CuCl$_2$+ 0.5mol · L^{-1}
KCl 水溶液中的环电极电流和盘电极电流（铂电极）
角速度如图所示；$E_{R, MSE}$= 0.2V

位处于中间值时，反应在一价铜离子处停止 ［式（3.99）］，这些离子在环电极上被再次还原。在更负的盘电极电位下，二价铜离子还原过程直接生成铜原子，环电流趋于零。从环电流和盘电流可以计算出 N 的值为 0.19。

参考文献

Albery，W. J. and Bruckenstein，S. (1966) *Trans. Faraday Soc.*，62，1920.

Albery，W. J. and Hitchman，M. L. (1971) *Ring-Disc Electrodes*，Clarendon Press，Oxford.

Pleskov，Y. V. and Filinovskii，V. Y. (1976) *The Rotating Disc Electrode*，Consultants Bureau，New York.

实验 3. 27：电极阻抗的测量

任务

测量铂电极与含有氧化还原体系的电解质溶液的接触阻抗，并确定氧化还原反应的交换电流密度。

原理

在电位稳定的三电极装置中，工作电极的电位可以被不同类型的信号（阶跃、扫频、方波等）所调变（刺激、干扰）。其中一种特别有效的调变方式是采用一个小振幅的正弦波，频率范围从几毫赫兹到一兆赫兹。对调变电压和系统响应（电池电流）之间的相位和振幅关系，即阻抗数据的评估，可以提供丰富的有关结构和反应动力学数据等信息。在对电极反应各个步骤的数学处理中，小的振幅可以允许使用各种近似。

在氧化还原电极中，最基本的反应情况包括反应物的传质、电荷转移和最终反应产物的传质过程。当调变的正弦波频率较高（几千赫兹）时，传质的贡献可以忽略不计。然而，当考虑扩散时，可以使用 Randles 首先建议的等效电路（图3.73），并且已有大量软件包可供计算使用。

除了使用电气工程中的等效电路方法外，还可以使用很多其他基于传递函数的方法。然而在本文所研究的示例中，这些方法不太具有重要的指导意义，应用这些方法并不能得到额外有用的信息。

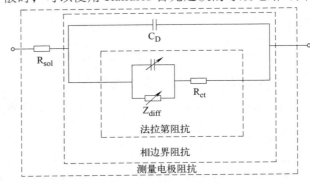

图 3.73 Randles 等效电路

实施

化学品和仪器

含 $0.01\text{mol} \cdot \text{L}^{-1}$ $\text{Fe}(\text{NH}_4)_2(\text{SO}_4)_2 + \text{Fe}(\text{NH}_4)(\text{SO}_4)_2 + 1\text{mol} \cdot \text{L}^{-1}$ HClO_4 的水溶液

用于交流电测量的电池（见第 1 章）

铂丝对电极和参比电极

球形铂工作电极

吹扫气（氮气）

阻抗测量装置[1]

设置

连接阻抗测量装置、恒电位仪、电极和电池。以铂丝为参比电极时，溶解在电解液中的氧化还原体系具有形式电位 E_0；此外，这种类型的参比电极还避免了可能由其他参比电极的化学成分引起的溶液污染。

步骤

溶液用惰性气体严格吹扫。通过记录电解液的 CV 曲线来确保工作电极表面处于合适状态。如果 CV 曲线与文献数据不符，应仔细清洗工作电极；随后，将其在高氯酸中（溶液中不存在氧化还原体系）进行析氢和析氧的电极电位循环，直至得到与文献数据一致的 CV 曲线。

在 $1\text{Hz} < f < 100\text{kHz}$（上限可能略低，取决于实际使用的仪器）的频率范围内，使用含有氧化还原体系的电解质溶液进行阻抗测量。可以根据图 3.73 所示的简单等效电路进行评估。

评价

图 3.74（a）展示了在复平面图中的典型结果，图 3.74（b）为相应的波特图。从所示结果可以得到电荷转移电阻 $R_{ct} = 21.75\,\Omega$，双电层电容 $C_D = 58\,\mu\text{F}$，交换电流密度 $j_0 = 3.94\text{A} \cdot \text{cm}^{-2}$。考虑到氧化还原组分的浓度，标准交换电流密度为 $j_{00} = 0.394\text{A} \cdot \text{cm}^{-2}$。

---

[1] 由于在大多数情况下有大量商业化可用的设备，包括用于测量和评估的软件，这里不讨论某一特定仪器的细节。

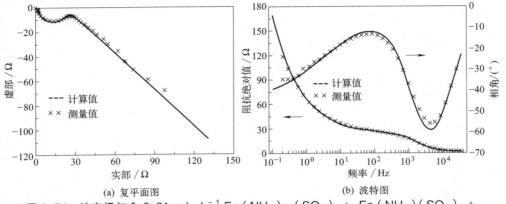

(a) 复平面图   (b) 波特图

图 3.74　铂电极与含 $0.01mol \cdot L^{-1} Fe(NH_4)_2(SO_4)_2+ Fe(NH_4)(SO_4)_2+$

$1mol \cdot L^{-1} HClO_4$ 的水溶液接触时的阻抗；　$E= E_0$

实验 3.28：腐蚀电池

任务

（1）测量各种腐蚀电池的电池电压和短路电流。

（2）研究镁电极作为牺牲阳极的作用。

原理

还原性不同（即在电化学序列表的不同位置）的两种金属电连接在一起，当接触到电解液时，便形成腐蚀元件：还原性较强的金属作为阳极被溶解，而还原性较弱的金属上发生氧还原或氢析出过程（取决于溶液的组成和金属的特性）。这种腐蚀元件可以通过在外来金属表面上沉积微小的金属颗粒，从微观尺度上形成；也可以在宏观尺度上形成，例如在建筑工作中使用不同金属的螺钉、螺母和垫圈。根据此处使用的电极的大小，我们将该系统称为宏观腐蚀元件，以助于理解和研究实际工业中相关的腐蚀过程，如接触腐蚀、局部阳极腐蚀等。

通过测量金属块之间的电压 U_0（即电极电位差），可以很容易地辨别出还原性较弱的金属（阴极）和还原性较强的、正在被腐蚀的金属（阳极）。通过测量金属之间的短路电流 I_{sc} 可以测定腐蚀速率。这些测量用非常简单的仪器就可以做到：一个电压表和一个电流表。❶

---

❶　由于电流表输入阻抗（$R_{in} > 0\Omega$）有限，故这种短路情况只能是近似的。如果仪器足够灵敏，使用小电流分流电阻，则误差可以忽略不计。带运算放大器的电流跟随器可以完全避免这种错误。

实施

化学品和仪器

3.5%（质量分数）NaCl 水溶液

铝片、铜片、铁片、镁片和锌片，最好尺寸相近

烧杯

两个万用表

pH 试纸

砂纸

乙醇

设置

将所要研究的金属片与万用表的电压输入端连接，插入氯化钠溶液中。测量 I_{SC} 时，将万用表设置为电流测量。

在研究镁作为牺牲阳极的作用时，将万用表设置为电流测量，并串联在铜电极和铁电极之间。镁电极与万用表之间的连接器连接。

步骤

将金属电极用砂纸磨净，以去除氧化物和其他表面层，然后用乙醇脱脂，干燥后浸泡在电解液中。当 U_0 的值为常数时记录对应的数值。I_{SC} 的测量用同样的方法进行，但可能观察不到一个非常恒定的值。

评价

表 3.3 展示了所研究的金属组合以及电压和电流的典型值。根据电化学序列表可以很容易地解释这些宏观腐蚀元件的极性，同时也可以据此定性地理解短路电流现象。由于这里所使用的金属片的尺寸略有差异，以及其他实验因素（如电极之间的距离）也存在一定干扰，因此对 I_{SC} 的进一步定量评估是不准确的。

表 3.3　腐蚀电池测量结果[①]

金属	U_0/mV	极性	I_{SC}/mA
Fe-Al	480	Fe(+)；Al(−)	1
Fe-Zn	800	Fe(+)；Zn(−)	5
Fe-Mg	1160	Fe(+)；Mg(−)	—
Zn-Al	288	Al(+)；Zn(−)	0.1
Cu-Zn	180	Cu(+)；Zn(−)	非常小
Cu-Al	130	Cu(+)；Al(−)	非常小

金属	U_0/mV	极性	I_{SC}/mA
Cu-Mg	1370	Cu(+);Mg(−)	—
Cu-Fe	334	Cu(+);Fe(−)	0.2
		$I_{SC,Cu\text{-}Fe}$/mA	$I_{SC,Mg\text{-}Fe}$/mA
Cu-Fe	—	—	—
Cu-(Mg)Fe	—	—	7.7

① 由于暴露在空气和湿气中的金属片上形成的氧化物或氢氧化物层可能会干扰电极电位的建立，观测值可能会有较大差异。

镁电极作为牺牲阳极的作用很容易理解，且由于该金属在电化学序列表中的位置，使得对应的 I_{SC} 值特别大。根据 pH 试纸指示，铁电极上的 pH 值向碱性值偏移；表明铁电极上进行的是氧还原过程，产生氢氧根离子。

参考文献

Kaesche，H.（2003）*Corrosion of Metals*，Springer，Berlin.

Revie，R. W. and Uhlig，H. H.（eds）（2000）*Uhlig's Corrosion Handbook*，John Wiley & Sons，Inc.，New York.

Roberge，P. R.（2006）*Corrosion Basics：An Introduction*，2nd edn，NACE International，Houston，TX.

问题

为什么 I_{SC} 会随时间增加而下降？

实验 3.29：充气电池

任务

在以两根铁钉为电极的充气电池中，研究氧气浓度的局部差异对腐蚀过程的影响。

原理

大多数腐蚀过程的阴极反应是氧气的电还原反应；只有在酸性环境中，才有可能发生质子还原和氢气析出。氧气浓度的局部差异会导致电极电位具有一定梯度，从而引起局部不同的电极反应。在高氧浓度的地方，主要发生氧气的电还原，而在低氧浓度的地方则发生阳极金属溶解。由于持续充入空气后可以维持较高的局部氧气浓度，这些腐蚀元件被称为充气电池（有时也称为差分充气电池）。涉及氧还原的腐蚀是迄今为止最常见的金属腐蚀形式，这种腐蚀作用在实际生活中往往会引起极大的经济损失，可能相当于国内生产总值的几个百分点。

实施

化学品和仪器

两根大铁钉

3.5％（质量分数）NaCl 水溶液

烧杯

电流表

电压表

空气泵

玻璃管

一端用多孔熔块或其他多孔材料封闭的玻璃管

砂纸

乙醇

设置

将氯化钠溶液倒入烧杯中，再把玻璃管浸入到溶液底部，并固定在烧杯壁上。带有玻璃熔块的玻璃管与气泵连接，也浸入烧杯中，其底部略高于开口玻璃管的下端。用砂纸磨净铁钉，以去除氧化物和其他表面层。然后将它们用乙醇脱脂，干燥后浸在电解质溶液中，一个放入玻璃管，一个放入烧杯的主体部分，将钉子连接到电压表上。

步骤

当 U_0 值恒定，约为 0V（为什么？）时，打开气泵。几分钟后，会观察到一个新的 U_0 值，并与最初的 U_0 明显不同。接着可以测量 I_{SC}。关闭气泵，观察 I_{SC} 随时间的变化。

评价

根据 U_0 的观测值及其极性，可以识别出腐蚀电极（阳极），这可以通过在阳极观察到可见的变化（腐蚀痕迹和金属溶解）来证明。在一个典型的实验中，记录得到 $U_0 = 60mV$，$I_{SC} = 2mA$。切断供应气后，该值迅速下降至 $I_{SC} = 0.5mA$。

参考文献

Kaesche, H. (2003) *Corrosion of Metals*, Springer, Berlin.

Revie, R. W. and Uhlig, H. H. (eds) (2000) *Uhlig's Corrosion Handbook*, John Wiley & Sons, Inc., New York.

Roberge, P. R. (2006) *Corrosion Basics: An Introduction*, 2nd edn, NACE International, Houston, TX.

实验 3.30: 浓差电池

任务

两个相同的金属电极浸泡在不同浓度的含有该金属离子的溶液中会组成浓差电池。测量该浓差电池的电压和进而形成的腐蚀电流。

原理

根据能斯特方程（EC：81），将金属浸入含有该金属离子的溶液中，可以形成一个电极电位，它的值取决于离子的浓度（更准确地说是活度）。当具有大表面积的大片金属浸入，局部的金属离子浓度可能会不同。金属中浸没在浓度较高处的部分会形成阴极，而接触较稀溶液的部分会形成阳极。在这些区域之间，金属中由电子传导的电流与溶液中由阳极部分的金属溶解和阴极部分的金属沉积所传导的离子电流相互联系，由此建立的电化学系统称为浓差电池（EC：86，105）。

实施

化学品和仪器

两个铜电极

$1 \text{mol} \cdot \text{L}^{-1}$ $CuSO_4$ 水溶液

$0.01 \text{mol} \cdot \text{L}^{-1}$ $CuSO_4$ 水溶液

烧杯

电流表

电压表

一端用多孔玻璃熔块或其他多孔材料封闭的玻璃管

砂纸

乙醇

设置

向烧杯中倒入一种溶液。将玻璃管浸入该溶液，并从中倒入第二种溶液。玻璃熔块（或附在玻璃管上的其他多孔材料）防止了两种溶液的混合。将清洁并脱脂过的两个铜电极分别插入到两种溶液中。

步骤

用电压表测量两个铜电极之间的电压，当观察到稳定的电压后，用电流表测量短路电流。

评价

在一个典型的实验中得到 $U_0 = 36\text{mV}$，浓溶液中的铜电极是阴极，与预期相符。铜离子的实际活度系数与平均活度相差较大，导致了观测值与计算值的偏差。测得的短路电流为 $I_{SC} = 0.25\text{mA}$。

参考文献

Kaesche, H. (2003) *Corrosion of Metals*, Springer, Berlin.

实验 3.31：埃文斯盐水滴实验

任务

埃文斯（Evans）用盐水滴实验验证了钢板上腐蚀反应的局部分布。观察铁钉上由机械应力引起的局部腐蚀元件的形成。

原理

腐蚀作用（特别是阳极和阴极反应）与其局部分布可以很容易地通过检测腐蚀产物来验证。在铁基合金的腐蚀过程中，阳极反应为铁的溶解。最初形成的二价铁离子可以通过与铁氰化钾形成明显的滕氏蓝沉淀来检测：

$$3Fe^{2+} + 2K_3[Fe(CN)_6] \longrightarrow Fe_3[Fe(CN)_6]_2 + 6K^+ \quad (3.101)$$

以酚酞为 pH 指示剂，可以检测在氧还原过程中产生的氢氧根离子。

铁锈指示剂溶液为包含以上两种试剂的 NaCl 水溶液。盐的加入增加了离子电导，氯离子还可以加速腐蚀，从而更快地检测出正在进行的反应。

实施

化学品和仪器

铁锈指示剂溶液 {3g NaCl、0.1g 酚酞和 0.1g $K_3[Fe(CN)_6]$ 溶于 100mL 水}

    钢板

    铁钉

    砂纸

    乙醇

    放大镜

步骤

将一滴指示剂溶液滴在清洁并脱脂过的钢板上，用放大镜观察局部颜色变化。将指示剂溶液滴在清洁并脱脂过的铁钉上，这些铁钉在制造过程中已发生冷变形（钉头、钉头下方、钉头尖端），再用放大镜观察局部颜色变化。

评价

几分钟后便能看到明显的蓝色，表明铁的溶解，而较缓慢形成的粉色表明氢氧根离子的形成。在钢板上，滴涂表面的中心以金属溶解为主；在铁钉上，制造过程中受到特别高应力的部位表现出较高的铁溶解速率。

参考文献

Kaesche，H. (2003) *Corrosion of Metals*，Springer，Berlin.

实验 3.32：铁表面的钝化与活化[1]

任务

研究铜离子在铁表面的置换反应、铁在浓硝酸中的腐蚀和钝化。观察这种钝化的机械扰动。

---

[1] 本实验结合了电化学系列（实验 2.1）、金属沉积和腐蚀。

原理

将一块铁浸没在含铜离子的水溶液中，铁会被铜的沉积物所覆盖，与此同时铁被溶解：

$$Cu^{2+} + Fe \longrightarrow Fe^{2+} + Cu \tag{3.102}$$

铜薄层容易溶解在浓硝酸中，相反地，铁在浓硝酸中稳定，而在稀硝酸中却不稳定。在浓硝酸中铁的稳定性是由于铁作为电极，所形成的腐蚀电位刚好处于其钝化区域。铁电极上非常小的腐蚀电流与硝酸中质子还原所引起的小电流（I_{corr1}）有关。铁在这种溶液中是稳定的（即钝化），如图 3.75 所示。

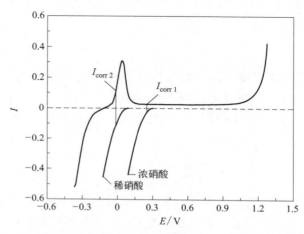

图 3.75　铁电极和相应的氢电极在稀硝酸和浓硝酸中的电流-电位曲线

在稀硝酸中，氢电极的电位随着质子浓度的降低而向更负的值移动，所形成的腐蚀电位位于铁溶解的活性区域（I_{corr2}）。

将处于钝化状态的铁片从浓硝酸中取出，再浸入铜离子溶液中，观察不到金属沉积现象。而一个短暂的机械扰动（机械冲击）将改变表面状态，瞬间使金属沉积再次进行。

实施

化学品和仪器

1mol·L^{-1} CuSO$_4$ 水溶液

浓硝酸

大铁钉

两个小试管

砂纸

乙醇

设置

试管中装满了相应的溶液。

步骤

将清洁并脱脂过的铁钉浸入硫酸铜溶液中持续几秒钟。与预期一样，红色沉积铜的出现表明发生了置换反应。将钉子取出，浸入浓硝酸中。铜镀层将被溶解，可以观察到大量的气泡和氮氧化物的生成（实验应在通风橱中进行！）。当把钉子取出并浸入硫酸铜溶液时，将不再发生置换反应。再次把钉子从溶液中取出，通过机械冲击 ［例如，用镊子夹住钉子（不是被溶液覆盖部分的钉子），小心地敲击坚硬的表面］ 来充分改变钉子表面的钝化状态，从而使钉子上突然出现铜的沉积。如果钉子在操作过程中被机械地"扰动"，这种钝化的解除（活化）可能会提前发生。

实验 3.33：腐蚀电极的循环伏安法

任务

用循环伏安法研究普通钢（工具钢）和不锈钢的电化学响应。

原理

循环伏安法作为一种通用的电化学研究方法，已经在之前的许多实验中得到了应用。其中包括记录镍电极与电解液接触时腐蚀与钝化的 CV 曲线（见实验3.11）。在接下来的实验中，研究比较了工具钢和不锈钢在实际生产中所用的电解质中的腐蚀行为。❶

实施

化学品和仪器

76％（质量分数）NH_4NO_3 水溶液

pH＝4.7 的醋酸缓冲液

---

❶ 浓硝酸铵溶液在农业上用作肥料。

工具钢电极 ❶

不锈钢电极

铂丝对电极

参比电极（硫酸亚汞）

H 型电解池

恒电位仪、信号发生器、X-Y 记录仪或具有 ADDA 转换器及软件的电脑

吹扫气（氮气）

设置

使用实验 3.11 中描述的循环伏安法设置。

步骤

金属条用砂纸磨净并脱脂。浸入电解质溶液中的面积约为 $2cm^2$。将硝酸铵电解液（在 100mL 电解液中加入 2mL 缓冲液）填充到 H 型电解池中。上述条形电极安装为工作电极，再分别插入对电极和参比电极。当电解液用氮气吹扫至饱和后，记录从自发形成的腐蚀电位到电位上限 $E_{MSE}=1.5V$ 范围内的 CV 曲线。

评价

使用工具钢得到的典型 CV 曲线如图 3.76 所示，使用不锈钢得到的对应曲线如图 3.77 所示。

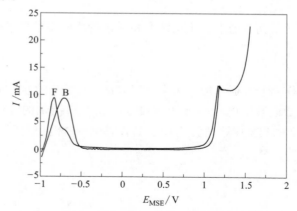

图 3.76　工具钢电极（A= $2cm^2$）在硝酸铵水溶液中的
循环伏安图，　dE/dt= 10mV · s^{-1}

---

❶　使用大件钢材（粗线材、棒材、带材）时，不与电解液接触的表面应用胶黏剂或聚四氟乙烯胶带覆盖。

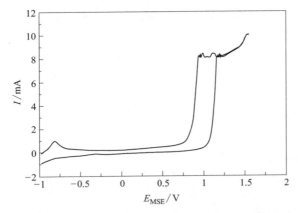

图 3.77　不锈钢电极（A= 2cm^2）在硝酸铵水溶液中的循环
伏安图，　dE/dt= 10mV·s^{-1}

在图 3.76 的正向扫描中，可以观察到活性金属溶解，在 F 处有一个电流峰。在钝化区电流下降到非常低的值，随后在超钝化区有显著的氧还原。在负向扫描中，电极回到活性态，在 B 处产生电流峰。不锈钢电极则表现出明显不同的行为，只有在正向扫描时观察到一些金属溶解，而在随后的负向扫描中（这里没有显示），电流进一步下降。

参考文献

Gerischer，H. (1958) *Angew. Chem.*，70，285.

Kaesche，H. (2003) *Corrosion of Metals*，Springer，Berlin.

实验 3.34：腐蚀电极的塔菲尔曲线

任务

记录并评价一个产生腐蚀电位和腐蚀电流的腐蚀金属电极的极化曲线。

原理

腐蚀一般是由于环境影响造成的材料性能的负面变化。而最常被讨论的是金属腐蚀，在工业化的经济体中，每年会造成相当于总产值几个百分点的经济损失。阳极的腐蚀过程是金属的氧化与溶解，通常与随后沉积的难溶性腐蚀产物有关，比如铁生锈的情况。阴极过程是最常见的，特别是当金属暴露在空气中发生氧还原的情况。腐蚀速率可通过相关的腐蚀电流、腐蚀电流密度或金属溶解速率

（mm/a）来描述。有几种方法可用于确定腐蚀速率和腐蚀电流，测量电流与电极电位的曲线便是其中之一。

实施

化学品和仪器

工作电极（如钢、铁或铝）

铂对电极

饱和甘汞参比电极（SCE）

防腐材料，如沥青涂料

3%（质量分数）NaCl 水溶液

三电极电池（H 型电池）

恒电位仪

带接口卡的电脑

设置

对工作电极进行清洗，当已有腐蚀产物沉积时，须用细砂纸将其去除。插入电池装置后，监测工作电极电位，直至达到稳定值。

步骤

从自发建立的静止电位开始，在 $+250 \sim -250\text{mV}$ 的电极电位范围内以 $50\text{mV} \cdot \text{s}^{-1}$ 的扫描速率记录极化曲线，即电流与电极电位的数据。

评价

将结果做成通常称为塔菲尔（Tafel）图（EC：154）的半对数图，腐蚀电位（通常接近自发建立的静止电位）可以很容易识别，如图 3.78。将电极过电位外推至 $\eta \gg RT/(nF)$（对于标准室温和单电子转移反应，即为 118mV），但仍处于电荷转移控制范围内，即在所谓的塔菲尔区域，会产生一个交点，其电流等于腐蚀电流 I_{corr}，再除以电极表面积即得到腐蚀电流密度 j_{corr}。根据这个值可以计算出以 mm/a 为单位的腐蚀速率 C_R 和缓蚀效率。

对于裸露电极，可以得到 $E_{\text{corr}} = -0.68\text{V}$ 和 $I_{\text{corr}} = 2 \times 10^{-4}$ A。根据工作电极的表观面积 $A = 1.76\text{cm}^2$ 和腐蚀电流 I_{corr}，由 $j_{\text{corr}} = I_{\text{corr}}/A$ 可计算出腐蚀电流密度 $j_{\text{corr}} = 2 \times 10^{-4}\text{A} \cdot \text{cm}^{-2}$。由密度 $d = 7.8\text{g} \cdot \text{cm}^{-3}$ 及铁原子的摩尔质量 $M = 55.85\text{g} \cdot \text{mol}^{-1}$，可以计算出腐蚀速率 $C_R = 1.32 \times 10^{-6}$ mm/a：

$$C_R = \frac{3.27 \times 10^{-3} j_{\text{corr}} M}{nd}$$

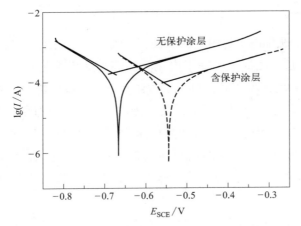

图 3.78　在 3% NaCl 水溶液中，钢电极（无/有保护涂层）
的动电位极化曲线

由简单的沥青涂层所提供的缓蚀作用使腐蚀电位转变为 $E_{corr}=-0.55V$，腐蚀电流密度降低到 $j_{corr}=1\times10^{-4}A\cdot cm^{-2}$。

根据相应的腐蚀电流及以下公式，可以计算出缓蚀效率 $I_E=50\%$：

$$I_E=\frac{j_{corr,\ 无涂层}-j_{corr,\ 有涂层}}{j_{corr,\ 无涂层}}\times100\% \qquad (3.103)$$

参考文献

Kaesche，H.（2003）*Corrosion of Metals*，Springer，Berlin.

Revie，R. W. and Uhlig，H. H.（eds）（2000）*Uhlig's Corrosion Handbook*，John Wiley & Sons，Inc.，New York.

Roberge，P. R.（2006）*Corrosion Basics：An Introduction*，2nd edn，NACE International，Houston，TX.

实验 3.35：腐蚀电极的阻抗

任务

测量未涂/涂有防腐涂层的金属的电极阻抗。缓蚀效率由得到的动力学数据确定。

原理

实验 3.27 中使用的电极阻抗测量提供了关于电极-溶液界面上电子转移速率的动力学数据。它们还提供了关于电化学活性表面积的信息（从双电层电容推断）。这些结构和动力学信息在电化学的许多应用领域中都是有用的，如对腐蚀的研究。电荷转移电流可以很容易地转化为腐蚀速率，反过来，甚至可以计算出每一年的材料损耗。因此，在裸露的和受保护的表面上进行测量，可以得到关于涂层缓蚀效率的数据（表现为电荷转移电流的减少），它们也可以揭示保护涂层中的缺陷（如小的孔隙）。关于涂层厚度的数据也可以从测得的双电层电容中得到。

实施

化学品和仪器

3%（质量分数）NaCl 水溶液
用于交流电测量的电池（见第 1 章）
钢盘式工作电极
饱和甘汞参比电极
吹扫气（氮气）
防腐材料，如沥青涂料
阻抗测量装置（见实验 3.27）

设置

使用实验 3.27 的实验设置。

步骤

用砂纸打磨电极，直到得到无划痕的表面。将其插入已经配备了其他电极的电化学电池中。电解液用氮气吹扫净化。大约 15min 后，在自发建立的静止电位下，恒电位地测量电极阻抗。按照实验 3.27 所述的步骤，确定电荷转移电流。

在电极再次抛光并涂上防腐蚀保护层后，重复实验。在本例中，电极被涂上一层沥青保护层，以完全相同的方式再次进行实验（图 3.79）。

用含涂层的电极重复测量得到以下阻抗数据（图 3.80）。

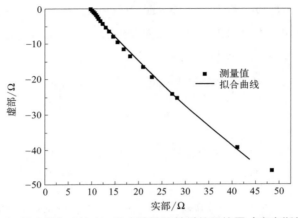

图 3.79　钢电极与 3% NaCl 水溶液接触时的阻抗图（奈奎斯特图）

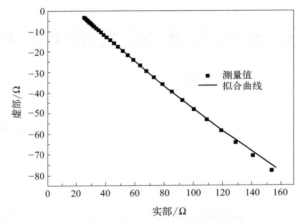

图 3.80　含保护层的钢电极与 3% NaCl 水溶液接触时的阻抗图（奈奎斯特图）

评价

假设由电解液电阻、双电层电容和电荷转移电阻（见实验 3.27）组成一个简单的等效电路，进行非线性最小二乘拟合，可得到电荷转移电阻 $R_{ct} = 461\,\Omega$。通过线性化，得到在非常小的电荷转移过电位下简化形式的巴特勒-福尔默（Butler-Volmer）方程，进而根据下式计算交换电流（此处相当于是腐蚀电流）：

$$I_0 = \frac{RT}{zFR_{ct}}$$

得到 $I_0 = 2.7 \times 10^{-5}$ A。根据钢电极的表观面积 $A = 1.76\ \mathrm{cm}^2$，可得到交换电流密度，即腐蚀电流密度 j_{corr} 为：

$$j_{corr} = \frac{I_0}{1.7} = 1.58 \times 10^{-5}\mathrm{A \cdot cm}^{-2}$$

对于含涂层的电极，有 $R_{ct} = 2508\,\Omega$，从而 $j_{corr} = I_0/1.7 = 2.9 \times 10^{-6}$ A·cm^{-2}。缓蚀效率 I_E 为含保护层电极与无保护层电极的电荷转移电流密度之比，根据下式计算可得本例中的 I_E 为 81%：

$$I_E = \frac{j_{\text{corr, 无涂层}} - j_{\text{corr, 有涂层}}}{j_{\text{corr, 无涂层}}} \times 100\%$$

参考文献

Kaesche, H. (2003) *Corrosion of Metals*, Springer, Berlin.

Revie, R. W. and Uhlig, H. H. (eds) (2000) *Uhlig's Corrosion Handbook*, John Wiley & Sons, Inc., New York.

Roberge, P. R. (2006) *Corrosion Basics: An Introduction*, 2nd edn, NACE International, Houston, TX.

实验 3.36: 腐蚀电极的线性极化电阻

任务

计算并对比分析未涂覆和含涂层的腐蚀钢电极的线性极化电阻。

原理

在小的过电位下，即 E 接近 E_0（在腐蚀研究中等于 E_{corr}）时，巴特勒-福尔默方程可根据 $e^x \approx 1+x$ 简化成线性，得到以下方程：

$$j_{ct} = j_0 \frac{nF}{RT} \eta_{ct}$$

重新排列后可得：

$$\frac{\partial \eta_{ct}}{\partial j_{ct}} = \frac{RT}{j_0 nF} = R_{ct}$$

由于观测到的斜率具有与电阻相同的单位，该结果也被称为电荷转移电阻（这在之前使用阻抗法的实验中已经遇到过，对于腐蚀电极，也称为腐蚀电阻 R_{corr}）。由于阳极和阴极过程很复杂，完全不像只含两个氧化还原物种的氧化还原体系中所观察到的那样简单，只有氧化状态不同，因此，对塔菲尔斜率 β_a 和 β_c[❶]（同时包含电子转移数 n）进行积分，得到 Stern-Geary 方程：

---

❶ 斜率必须为正值，否则使用半对数处理时可能会出现错误。

$$R_{ct} = \frac{\partial \eta_{ct}}{\partial j_{ct}} = \frac{\beta_a \beta_c}{2.3 j_0 (\beta_a + \beta_c)}$$

重新排列后可以得到交换电流（或电流密度），即腐蚀电流（密度）：

$$j_0 = \frac{\beta_a \beta_c}{2.3 R_{ct} (\beta_a + \beta_c)} = j_{corr}$$

实施

化学品和仪器

工作电极（如钢、铁或铝）

铂对电极

饱和甘汞参比电极（SCE）

防腐材料，如沥青涂料

3%（质量分数）NaCl 水溶液

三电极电池（H 型电池）

恒电位仪

带接口卡的电脑

设置

对工作电极进行清洁，当腐蚀产物已经沉积时，必须用细砂纸将其去除。插入电池后，监测工作电极电位，直至建立一个稳定值。当达到稳定时，开始进行缓慢的电位扫描。裸露电极测量结束后，用含涂层的电极重复实验。

步骤

从自发建立的静止电位开始，在 +20mV 到 −20mV 电极电位范围内以 $2mV \cdot s^{-1}$ 的扫描速度记录极化曲线，即电流与电极电位的数据。

评价

绘制 E_0 附近的电流-电位图，如图 3.81，据图得到斜率 dE/dI，即 $R_{ct} = R_{corr}$。可以得到 $R_{corr} = 252\Omega$，再由之前实验中由塔菲尔图得到的塔菲尔斜率，可以得到腐蚀电流密度 $j_{corr} = I_{corr}/1.76 = 1.32 \times 10^{-4}$ A·cm^{-2}，这与之前实验中应用其他方法得到的结果吻合较好。

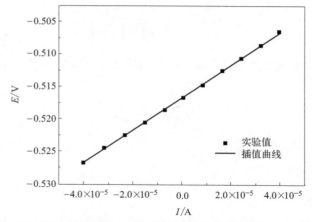

图 3.81 在 3% NaCl 水溶液中，钢电极在较小过电位下的极化曲线的线性部分

参考文献

X. Xie，R. Holze，*ChemTexts*，4（2018）5.

M. Stern，*Corrosion*，14（1958）60.

M. Stern，A. L. Geary，*J. Electrochem. Soc.* 105（1957）56.

Uhlig's corrosion handbook（R. W. Revie，H. H. Uhlig，Eds.），Wiley，New York 2000.

P. R. Roberge：*Corrosion Basics：An Introduction*（2nd ed.），NACE International，Houston，Texas，USA 2006.

H. Kaesche：*Corrosion of metals*，Springer，Berlin 2003.

问题

为什么要用非常低的扫描速率？

实验 3.37：振荡反应

任务

记录并基于反应模型解释振荡反应过程中电极电位和电流的变化。

原理

空间或时间结构上远离热力学平衡的化学系统称为耗散系统，可能伴随着瞬态结构、固定空间结构或时空振荡等现象。除了明显的非平衡状态（$\Delta G \neq 0$），还必须满足进一步的条件：系统至少有两个不稳定状态、各反应步骤之间有耦合以及至少存在一个非线性反应步骤（自催化、自抑制）。相比电池容器的体积而言，界面的范围较小，因此很容易满足主要条件（明显的非平衡状态），在金属与电解液的相边界上观察到振荡反应。

本实验研究了强酸性 HCl 溶液中铜电极在电流作用下电极电位的振荡。当铜电极上有大量铜离子的"纹影"从电极上滑下时，可以观察到铜的阳极溶解。在氯离子存在的情况下，会发生以下归中反应：

$$Cu^{2+} + Cu + 2Cl^- \longrightarrow 2CuCl \qquad (3.104)$$

上述反应使铜表面呈现白色光泽。铜离子的高生成速率导致了铜离子在相边界上的局部偏移和相应的局部 pH 值升高。在足够高的 pH 值下，可能使铜电极钝化并形成氧化亚铜表面层：

$$2Cu + H_2O \longrightarrow Cu_2O + 2H^+ + 2e^- \qquad (3.105)$$

同时，电极电位急剧上升。这种电位的上升是另一个竞争性反应开始并进一步产生氧化铜的先决条件：

$$Cu_2O + H_2O \longrightarrow 2CuO + 2H^+ + 2e^- \qquad (3.106)$$

这种氧化物是黑色的，因此铜表面的颜色变深；此外，电极电位下降到原来峰值的一半左右。与氧化亚铜相比，氧化铜的钝化性质较差——它易溶于酸：

$$CuO + 2H^+ \longrightarrow Cu^{2+} + H_2O \qquad (3.107)$$

在电位下降过程中形成的氯化亚铜层将被溶解，产生可溶的络合物：

$$CuCl + Cl^- \longrightarrow [CuCl_2]^- \qquad (3.108)$$

至此，铜电极再次不受保护，变成活性状态，表现为铜的溶解。

实施
化学品和仪器

5mol·L^{-1} HCl 水溶液
铜电极
铂丝对电极
参考电极（任意类型均可）
烧杯
可调电流源
电流表
可调电阻器（100Ω，2A）
Y-t 记录仪或瞬态记录仪或其他数据记录系统
砂纸

设置

将铂电极和清洁过的铜电极插入装满盐酸溶液的烧杯中。铂电极连接电源的负极，铜电极通过可调电阻器和电流表连接到电源的正极。电位记录设备的正极连接铜电极，负极连接插入烧杯的参比电极。根据记录仪输入电阻的不同，参比电极电位可能发生偏移。由于只需记录相对电势的变化，所以电势的绝对值并不重要。如果要测量正确的绝对值，则需要一个高输入的阻抗装置，必要时还需一个输入阻抗转换器。电极排布如图 3.82 所示。

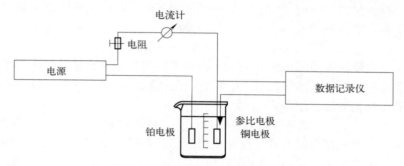

图 3.82　研究振荡反应的实验装置

步骤

可调电阻器设置为 $R=30\,\Omega$，电源设置为 $U=4.45\mathrm{V}$ 左右，最合适的值除了其他因素外，还取决于电极的几何形状和距离。因此，可以观察到几十到几百毫安的电流。如果可见的和可测量的电位振荡没有开始，则必须改变 R 的值，直到振荡开始。图 3.83 展示了用简单的 X-Y 记录仪记录的典型电位-时间图。

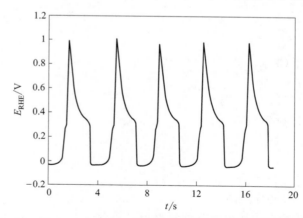

图 3.83　在 $5\mathrm{mol}\cdot\mathrm{L}^{-1}$ HCl 水溶液中铜电极的典型电位-时间图

参考文献

Franck，U.（1978）*Angew. Chem.*，90，1.

Oetken，M.（1998）*Praxis Naturwiss. Chem.*，47，12.

4 分析电化学

　　电化学方法和仪器在分析化学几乎所有的领域中都是不可或缺的。首先，法拉第定律广泛而有效地适用在很多领域，因此电化学检测具有灵敏度高和检测限极低的优点。除此之外，在许多情况下，电化学仪器与其他仪器、系统以及数据采集和处理系统简单连接就能使用，同时有适合移动应用的紧凑设计等，这些都是电化学方法与仪器的魅力所在。

　　一般分析方法所依据的电化学现象和过程是通用的，因此很难有一个系统的分类框架。大体上，分析方法可以分为使用电化学过程来定量测定分析物的方法和使用电化学现象和过程来检测化学计量点的方法（例如滴定法），但很难对每种方法划分明确的边界。

Experimental
Electrochemistry

分析化学中的电化学方法概述如图 4.1 所示。

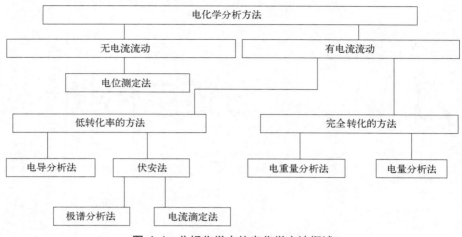

图 4.1　分析化学中的电化学方法概述

　　根据以上概述，首先介绍了电位滴定法（无电流流动），随后介绍了电导指示滴定法，该方法中溶液样品主体的变化十分重要，最后研究极具重要性的、在电极表面进行电荷转移的方法。此处，没有进一步探究最初想讨论的"完全电化学"和"部分电化学"方法之间的根本区别，因为这个分类本身就不太成立。

　　研究方法的更多细节在导论专著和手册中提供。

参考文献

Doerffel，K.（1990）*Analytikum*，8th edn，VEB Deutscher Verlag für Grundstoffindustrie，Leipzig.

Geißler，M.（1981）*Polarographische Analyze*，Wiley-VCH Verlag GmbH，Weinheim.

Henze，G. and Neeb，R.（1986）*Elektrochemische Analytik*，Springer，Berlin.

Naumer，H. and Heller，W．（eds）（1990）*Untersuchungsmethoden in der Chemie*，2nd edn，Georg Thieme Verlag，Stuttgart.

Skoog，D. A. and Leary，J. J.（1992）*Principles of Instrumental Analysis*，4th edn，Saunders Coll. Publ.，Fort Worth，TX.

Scholz，F.（ed.）（2002）*Electroanalytical Methods*，Springer，Berlin.

实验 4.1：离子选择性电极

任务

　　以石墨电极和硫化银粉末为原料制备银离子选择性电极（ISE）。通过用硝酸银溶液记录校正曲线、确定未知银离子浓度、在沉淀滴定法中用该电极作指示剂来验证其适用性。

原理

除了可制备不同类型的、含有不同金属基底的离子选择性电极之外，还有一种简单的替代方法，即制备不含金属成分的 ISE。他们具有显著的优点：不会有金属成分的腐蚀，不会产生不良的副作用，例如基底的溶解。本实验中所研究的 ISE 是通过将嵌入树脂（如聚四氟乙烯）的石墨棒压入含有待测离子的极难溶盐（如 Ag_2S、$AgCl$、CuS）中制备的。在这种方式下，有足够的盐附着在中等硬度且电化学惰性的石墨上，以获得所需的离子选择性。本实验中使用了硫化银，该电极可用于硫化物和银离子的测定。图 4.2 所示的校正曲线验证了它的有效性。$51mV/10c$（Ag^+）的斜率偏离了理论期望值，但考虑到实验装置做了大幅简化，这种误差是完全可以接受的。

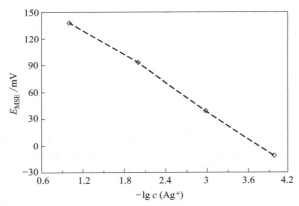

图 4.2　浸入 Ag_2S 的石墨电极的校正曲线

实施
化学品和仪器

浓度已知的 $AgNO_3$ 水溶液（$0.1mol \cdot L^{-1}$、$0.01mol \cdot L^{-1}$、$1mmol \cdot L^{-1}$、$0.1mmol \cdot L^{-1}$）

浓度未知的 $AgNO_3$ 水溶液

用于滴定的 KCl 水溶液（$0.1mol \cdot L^{-1}$）

Ag_2S 粉

粒径为 $3\mu m$ 的研磨粉（Al_2O_3）❶

---

❶　也可以使用细砂纸作代替。

石墨电极

高输入阻抗电压表

硫酸亚汞参比电极

设置

用水冲洗 Al_2O_3 抛光石墨棒的轴向表面，然后将石墨棒压入 Ag_2S 粉末，制成 ISE。参比电极连接到电压表的"低/普通"输入端，ISE 连接到"高"输入端。

步骤

将 ISE 和参比电极浸入银离子浓度稳定的校正溶液中。记录所观察到的稳定电压。用同样的方法在浓度未知的银离子溶液中重复实验。用 40mL 高纯水稀释 10mL 未知组分的溶液进行滴定。每次加入 0.5mL KCl 溶液后记录电池电压。

评价

根据能斯特方程，将所记录的电池电压 $[E_M SE\text{-}lgc(Ag^+)]$ 绘制成校正曲线。通过插值法，可以得到未知溶液的浓度。以所添加的 KCl 溶液的体积为横坐标，电池电压为纵坐标绘制成曲线，即可以得到滴定结果。

参考文献

Galster，H.（1985）*Chem. Labor Betrieb*，36，118.

Wenk，H. and Höner，K.（1989）*Chem. unserer Zeit*，23，207.

问题

参比电极为什么要选择硫酸亚汞电极，而不是饱和甘汞电极?

实验 4.2：电位指示滴定法

任务

（1）根据 DIN（德国工业标准）程序确定纸张中的氯化物含量。

（2）用银电极同时滴定氯化物和碘化物。

（3）用玻璃电极，磷酸被三元酸逐步中和。

原理

直接电位测定法，即根据能斯特方程，可从指示电极的测量电位中直接确定分析物浓度。该法受限于精度（由于对数关系，精度约为±1‰~5‰），用途有限。在条件苛刻的应用场景下，在滴定中使用离子选择电极作为指示电极，可以把滴定的高精度和电化学方法识别化学计量点的易用性结合起来。

在接下来的三部分实验中，我们将在纸上开展氯化物测定的完整实验：氯化物和碘化物离子的共滴定，以及作为一个使用多元酸的典型案例，进行磷酸的酸碱滴定。

在低分析物浓度的样品溶液滴定过程中，检测滴定曲线中的转折点可能是有些难度的。图4.3显示了图形评价的一个典型示例。当滴定曲线是数字化曲线时，可以用一阶导数或二阶导数来找化学计量点（图4.4）。

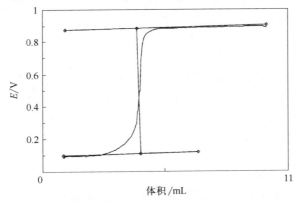

图 4.3　滴定曲线的图形评价，得出其转折点即化学计量点

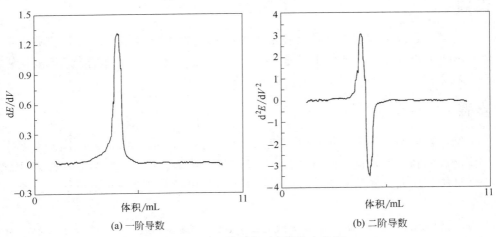

(a) 一阶导数　　　　　　　　　　　(b) 二阶导数

图 4.4　化学计量点对应的滴定曲线

实施

化学品和仪器

0.0025mol·L^{-1} $AgNO_3$ 水溶液

硝酸钡

丙酮

1∶1 稀释的浓硝酸

含氯和碘的溶液（浓度待定）

未知浓度的磷酸

0.01mol·L^{-1} NaOH 水溶液

银单棒电极❶

pH 玻璃电极

高输入阻抗毫伏计

滴定管

支架

真空吸滤器（孔隙率为 4 个单位）

水喷射泵

过滤瓶

带回流冷凝器的圆底烧瓶

烧杯

磁力搅拌板和搅拌棒

（硫酸亚汞参比电极）

设置

将滴定管以合适的高度安装在磁力搅拌板上方的支撑架上，然后装满滴定液，使下方被滴定的液体处于中速搅拌状态。注意，滴定管下部的尖端不要接触下方液体，同时也不能相距太远，避免滴溅。

步骤

纸中氯化物的测定：将 5g 干纸切成小块，加入 100mL 水，加热 1h，用吸滤过滤器过滤制得混合物，得到提取液，冷却萃取物后，将 50mL 溶液转移到另一个烧杯中，加入几滴硝酸和 50mL 丙酮，把单杆电极安装在一个足够低的位置，

---

❶ 如果没有，可以使用简单的银离子敏感电极（银线）作为指示电极。参比电极不能含卤化物，故可以使用汞作为参比电极。

以便使样品液体和外部参考电极能够有效接触。滴定按少量多次进行，每一次滴
0.1～0.2mL液体。进一步的细节可以从DIN 53125程序中获取，其中所描述的
反滴定法是一种特别有用的替代方法。

氯离子和碘离子的同时测定：用蒸馏水将5mL未知成分的样品溶液稀释至
50mL。为提高化学计量点的可检出性，可加入约1g硝酸钡。将烧杯置于磁力搅
拌板上，小心加入搅拌棒。单杆电极安装在足够低的位置，以便使样品液体和外
部参考电极能够有效接触。滴定按少量多次进行，每一次滴0.2～0.5mL液体。

磷酸滴定：用蒸馏水将5mL未知成分的样品溶液稀释至50mL。为提高化学
计量点的可检出性，可加入约1g硝酸钡。将烧杯置于磁力搅拌板上，小心地加
入搅拌棒。玻璃单棒pH电极安装在合适的足够低的位置，以便使样品液体和外
部参考电极有效接触，同时，又要远离搅拌棒，以避免损坏玻璃膜。滴定按少量
多次进行（每次滴0.2～0.5mL）。通常只能观察到第一步和第二步中和。

评价

① 图4.3绘制了银指示电极的测量电极电位与加入滴定溶液体积的函数
图，从图4.4中推导出了化学计量点，即滴定曲线及其一阶导数和二阶导数。

图4.5有力地表明，从一阶导数的最大值推导出的化学计量点取决于获得该
导数的方法。图上确定的值更接近化学计量点的正确值。

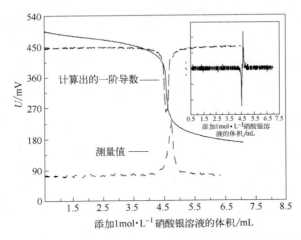

图4.5 电位滴定法示例：用硝酸银溶液滴定氯离子的滴定曲线

图中还显示了自动确定的一阶导数（电机驱动的滴管）和图形确定的一阶导数
以及图形确定曲线的二阶导数（插图）

或者，化学计量点可以由二阶导数得到。取滴定溶液的体积加到二阶导数刚
过零点时，则为完全滴定所需的体积。

根据滴定反应的化学计量学，计算出未知氯含量，其结果与纸张的重量有关。计算结果以每千克纸张所含氯的克数表示。

② 同时滴定氯化物和碘化物溶液，得到如图 4.6 所示的两步滴定曲线。

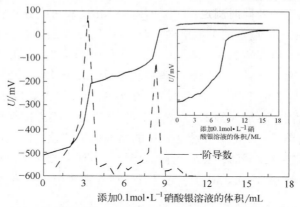

图 4.6　在电位指示滴定过程中，从几毫升含有 KCl 和 KI 的溶液开始，
用氯化物和碘化物溶液滴定得到的滴定曲线
插图：不添加 $BaNO_3$ 的相同的实验

添加的 $BaNO_3$ 的影响是明显的；在没有卤化物加入的情况下，只需要一步就可以完成两种卤化物的滴定。

③ 在磷酸滴定过程中，可以得到一条包含几个步骤的曲线，至少显示了中和的第一步和第二步（图 4.7）。

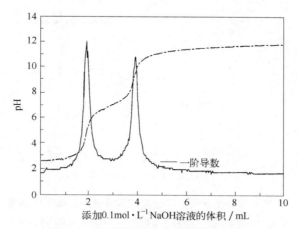

图 4.7　电位滴定法中磷酸的滴定曲线

参考文献

DIN 53125.

问题

为什么只能观察到磷酸中和的第一步和第二步？

实验 4.3：双电位指示滴定法

任务

用硫代硫酸钠滴定样品中碘的含量，滴定化学计量点是用双电位法表示的。

原理

碘在含碘溶液中以 I_3^- 的形式存在，可以用硫代硫酸钠滴定。反应进程为：

$$I_2 + 2S_2O_3^{2-} \longrightarrow 2I^- + S_4O_6^{2-} \tag{4.1}$$

化学计量点可以通过双电位法检测。通过两个小的指示电极（最简单的设置是两个表面很小的铂丝电极）和一个小电流（通常是几微安）。只要两电极的溶液中含有碘化物和碘单质，就会根据氧化还原平衡进行反应：

$$I_2 + 2e^- \rightleftharpoons 2I^- \tag{4.2}$$

由于电流小，两端电极的过电位小，与静止电位的偏差小，电极间测得的电压也小。过了化学计量点，碘浓度下降，氧化还原平衡被破坏。此时不再发生方程式（4.2）的氧化还原反应，取而代之的是另一种反应：

$$2S_2O_3^{2-} \longrightarrow S_4O_6^{2-} + 2e^- \tag{4.3}$$

该反应只有一个方向。平衡这种电流所需的反应（例如，析氢反应）只发生在更负的电极电位下。因此，指示电极之间的电压在化学计量点急剧增大。

实施

化学品和仪器

0.1mol·L^{-1} $K_2S_2O_3$ 水溶液

0.1mol·L^{-1} $\frac{1}{2}I_2$ 水溶液（加入等物质的量 KI）

恒流电源

电压表

双铂丝电极

滴管

磁力搅拌板

磁力搅拌棒

设置

如图 4.8 所示，指示电极浸在样品溶液中，并连接到电流为几微安的电流源上。

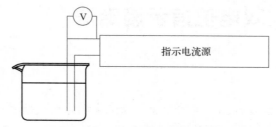

图 4.8　用硫代硫酸钠双电位法滴定含碘溶液的装置

步骤

将滴定液滴加到样品溶液中，并进行剧烈搅拌，记录指示电极之间的电压。

评价

用 $0.5\text{mL }0.1\text{mol}\cdot\text{L}^{-1}$ 的碘 $\left(\dfrac{1}{2}\text{I}_2\right)$ 溶液滴定样品溶液，得到的典型滴定曲线，如图 4.9 所示。从滴定曲线的转折点，可以得到化学计量点，从而得到样品溶液的组成。

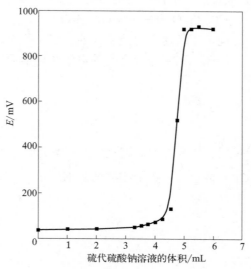

图 4.9　$0.1\text{mol}\cdot\text{L}^{-1}$ $\text{K}_2\text{S}_2\text{O}_3$ 的溶液与 5mL $\dfrac{1}{2}\text{I}_2$ 溶液的滴定曲线

参考文献

Galus，Z.（1994）*Fundamentals of Electrochemical Analysis*，Ellis Horwood，Chichester.

实验 4.4：电导指示滴定法

任务

样品中的硫酸盐含量用 Pb^{2+} 的沉淀滴定法测定。在氧化还原滴定中，三价砷酸盐❶的含量用碘滴定方法测得。

原理

根据浓度与电导的关系，难以直接精确定量测定溶液中离子种类的浓度❷，而电导的测量有助于精确定量检测化学计量点。下面两个例子的研究，超越了目前流行的酸碱滴定法。

在沉淀过程中，滴定用的硫酸根离子与铅（Ⅱ）离子发生反应，形成难溶的 $PbSO_4$：

$$Pb^{2+} + SO_4^{2-} \longrightarrow PbSO_4 \qquad (4.4)$$

到化学计量点时，硫酸盐离子被具有近似相同导电性能的硝酸盐离子所取代。过了这一点，过量的铅离子和硝酸根离子会导致电导率升高 [见图 4.10（a）]。

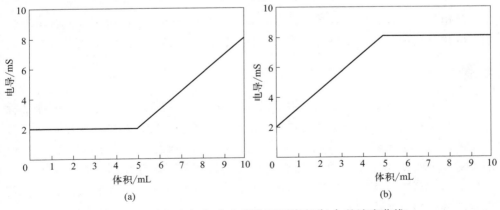

图 4.10　沉淀滴定（a）和氧化还原滴定（b）的滴定曲线

---

❶　也叫砷锌矿。
❷　在提供的一些简单的装置中采用了这种方式，结果差强人意，例如土壤的 pH 值测定。

在氧化还原滴定法中，只要形成或消耗高导电性的物质，就可以用电导法监测待测物质或滴定量的消耗量。在本例中，用碘酒溶液滴定砷酸盐（Ⅲ）（AsO_3^{3-}）。当达到化学计量点时，由于形成了质子和碘离子，溶液的电导会升高，过了这个点就不再形成离子了。得到的典型图如图 4.10（b）所示。反应如下：

$$AsO_3^{3-} + I_2 + H_2O \longrightarrow AsO_4^{3-} + 2H^+ + 2I^- \qquad (4.5)$$

实施
化学品和仪器

$0.5mol \cdot L^{-1}$ $PbNO_3$ 水溶液

未知浓度的 Na_2SO_4 水溶液

含 $0.1mol \cdot L^{-1}$ 碘（I_2）的醇溶液

未知浓度的三价砷酸盐溶液

电导计

电导电池

滴定管

烧杯

磁力搅拌板

磁力搅拌棒

设置

将电导电池连接到电导计上，并安装在支撑架上足够低的位置，使其浸泡在烧杯的样品溶液中。由于烧杯中有搅拌板，要保证电池不被搅拌棒撞击。

步骤

将 10mL 等分的未知浓度的溶液倒入烧杯，加入约 50mL 纯净水。电导是所加滴定液体量的函数，在滴加过程中记录电导数值。因为只需要获得电导的相对变化值，所以不需要知道电池常数。在仪器上记录到的电导或电阻是足够准确的。对于 $PbSO_4$ 的沉淀，每次加滴定剂后，可能需要略等片刻，直到出现一个稳定值后，再进行滴加。接近化学计量点时，电导的相对变化率较大，因此加入滴定液的体积应较小。

评价

绘制两个实验的电导（或电阻）值与滴定剂添加体积的函数关系图像。利用滴定反应的化学计量学关系，计算未知浓度。

参考文献

Galus, Z. (1994) *Fundamentals of Electrochemical Analysis*, Ellis Horwood, Chichester.

问题

（1）测量绝对电导率时为什么要小心控制温度？

（2）为什么在本实验中不需要上述这种控制？

实验 4.5：电重量分析法

任务

通过完全的电解沉积所得金属态铜的量，来确定样品溶液中的铜含量。

原理

当电流通过含有金属阳离子的溶液时，会在连接到负极柱（负极，阴极）的电极上沉积相应的金属离子。只有在电化学序列表中，比氢的电位更负位置的非贵金属（如钠、钾）电极才不发生沉积；与之相反，氢气会析出来。

用铂网电极作阴极。大多数金属会在电极表面形成黏附良好的沉积物。可以将样品溶液中的所有金属离子沉淀下来，通过称重来确定它们的质量，这种方法称为电重法。铂，作为一种非常昂贵的电极材料，允许沉积的金属经过称重后，选择性地溶解在硝酸中。铂（一种线圈）也用作阳极。在电解 $CuSO_4$ 溶液的过程中，除了阴极铜沉积外，还观察到氧的形成：

$$阴极（还原）：Cu^{2+} + 2e^- \longrightarrow Cu \tag{4.6}$$

$$阳极（氧化）：H_2O \longrightarrow 2H^+ + \frac{1}{2}O_2 + 2e^- \tag{4.7}$$

$$总反应：Cu^{2+} + H_2O \longrightarrow Cu + 2H^+ + \frac{1}{2}O_2 \tag{4.8}$$

铜离子被质子取代，形成与硫酸铜等物质的量的硫酸。

当铂电极被铜包覆后，铂电极正式转化为铜电极。根据能斯特方程，即其电位与铜离子浓度有关。由于沉积过程中铜离子浓度降低，电极电位发生变化，因此在持续沉积过程中，需要提高所需的电池电压。（为了将铜离子浓度降低到零，电池电压需要增加多少？）当阴极电位负向偏移约 $\Delta E = 200\text{mV}$ 时，认为电重测定完成；可以忽略此时的残留浓度。为了在电解过程中保持较高的离子电导，将样品溶液用硫酸酸化。剧烈搅拌可增强电极的质量输运，加热到约 50℃ 可进一步提高沉积速率。

实施

化学品和仪器

未知浓度的 $CuSO_4$ 水溶液

20%（质量分数）硫酸

1∶1 的硝酸

铂丝网阴极

铂丝阳极

电流源

两个万用表

250mL 烧杯

磁力搅拌板

磁力搅拌棒

设置

安装示意图如图 4.11 所示。

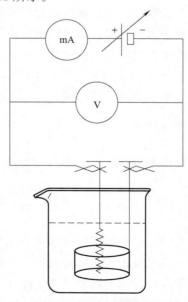

图 4.11　电重仪装置图

步骤

样品溶液在烧杯中加热至 50℃。将铂网电极和铂丝阳极用酒精仔细清洗与脱脂，进行称重后，固定在支架上。将两个电极浸没在溶液中。它们通过作为电压表和安培表的万用表连接到可调电流源，施加 $I = 100mA$ 的电流，溶液缓慢脱色，阴极上逐渐出现红色涂层，这表明电解正在进行。在镀铜结束时，外加电压明显升高，表明镀铜结束后开始出现不良析氢现象。在完全沉积（变色）后，电极从溶液中移除，电流源必须保持连接。用水仔细冲洗并关闭电源后，用乙醇冲洗网电极并干燥。它的重量是精确控制的。最后，用 50% 浓硝酸将铜层蚀刻掉。完全去除后，先用水冲洗，然后用酒精冲洗，然后干燥。

评价

根据铜的重量差，确定初始样品中铜的用量，最后确定硫酸铜的质量。

问题

（1）切断电流时，期望电解电压的变化是多少？
（2）为什么在不断搅拌的情况下，实验过程中电解电压增加缓慢？
（3）为什么溶液在电解过程中要加热？

实验 4.6：库仑滴定法

任务

用双安培法测定溶液中 As^{3+} 的含量。

原理

在已知和确定的电极反应中，可以根据法拉第定律，计算反应物在电极上的转化情况。恒流电解过程中，所消耗的电荷等于电流与时间的乘积。即使是在很小的电流情况下，也可以实现高精度测定，所以这种测量方法灵敏度很高。这种方法统称为恒电流库仑法。

在该法的计算对象中，要么使用电化学反应本身，要么使用产物，溶液中一种物质的含量是定量的。第二种情况的滴定法，称为库仑滴定法，电流可用作滴定剂。该法能够成功应用的一个重要条件是，滴定剂的电化学反应效率极高，没有副反应；此外，也很容易检测到滴定结束时（待测定的物种被完全消耗时）的状态。端点（或化学计量点）最好使用电化学（电位法或安培法）方法检测。在电位指示滴定过程中，滴定过程中电位的变化指示滴定终点；在安培指示滴定过程中，流过指示电极的电流的变化产生这一信息。所有库仑法都是绝对法，即不需要称量、配制标准溶液等。作为一个实例，下面将详细讨论所建议的库仑滴定法。利用电解生成的溴，用库仑法测定 As^{3+}：

$$As^{3+}+Br_2 \longrightarrow As^{5+}+2Br^- \tag{4.9}$$

将样品溶液酸化，加入溴化钾。两个铂电极（发电机）用于产生溴：

$$阴极：2H^+ + 2e^- \longrightarrow H_2 \tag{4.10}$$

$$阳极：2Br^- \longrightarrow Br_2 + 2e^- \tag{4.11}$$

发电机电流电路以恒流模式工作，溶液中阳极生成的溴与 As^{3+} 离子反应后立刻被消耗。为了防止在阳极形成的溴到达阴极，并再次在阴极转化为溴化物，用多孔玻璃熔块把阴极从溶液（搅拌状态）隔离开来。在化学计量点时，游离的溴留在溶液中，不再被消耗。该过程由两个铂电极（指示器）检测，检测方式是在这些铂电极上施加一个小的电压（$U=500mV$），这个电压值不会导致溶液电解，只有当游离溴存在时，才可能通过铂电极建立起可逆氧化还原体系。此时，体系的响应特征是存在少许过电压，虽数值不大（可忽略），但存在着非常大的电流值：

$$2Br^- \Longleftrightarrow Br_2 + 2e^- \tag{4.12}$$

由于电极现在处于去极化的状态，因此，可以通过指示电路中电流的突然上升信号来判断滴定终点。另外，由于使用了两个指示电极，这种方法也称为双安培法。根据法拉第定律，可计算样品中 As^{3+} 离子的质量：

$$m(As^{3+})=M(As)(It)/(2F) \tag{4.13}$$

实施

化学品和仪器

0.1mol·L^{-1} As^{3+} 原液

0.1mol·L^{-1} H_2SO_4 水溶液

0.2mol·L^{-1} KBr 水溶液

两个安培表（mA 和 μA）

秒表

10mL 容量瓶

20mL 吸管

25mL 容积圆柱体
磁力搅拌板
磁力搅拌棒

设置

设置示意图如图 4.12 所示。

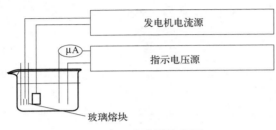

图 4.12 库仑滴定装置

步骤

用原液制备浓度为 $0.005mol \cdot L^{-1}$ As^{3+} 的样品溶液。将电极和底部用玻璃料封闭的玻璃管安装在空烧杯（刚开始为空着的状态）中的某一水平位置。当烧杯盛满样品溶液时，保证电极与玻璃管都处于浸入状态。同时，安装位置要保证搅拌棒可以自由转动，不损坏电极与玻璃管。向烧杯中倒入 25mL $0.1mol \cdot L^{-1}$ H_2SO_4 和 25mL $0.2mol \cdot L^{-1}$ KBr，并加入蒸馏水，直到烧杯刻度为一半的位置。用 $0.1mol \cdot L^{-1}$ H_2SO_4 迅速灌满玻璃管，使玻璃管中的液位与烧杯中的液位相同。将发电机电流源的电流调节挡设置为零，指示电压源处电压设为 $U=500mV$。发电机电流设置为 $I=5mA$。加入 1mL As^{3+} 样品溶液，启动秒表。当指示器电路中的电流上升时，秒表停止，实验完成。注意，由于溶液中含有砷，所有用过的溶液都要合规，小心处理。

评价

计算 As^{3+} 的含量，并与已知溶液组成的期望值进行比较。方法的灵敏度和精密度可以估计。

问题

（1）定义术语"恒电流库仑法""库仑滴定法"和"双安培滴定法"。

（2）说明发生器和指示电路中的电极反应。

（3）再举几个库仑法测定的例子。

实验 4.7: 安培滴定法

任务

在安培滴定法中，用重铬酸盐离子沉淀法测定铅离子的含量，用溴化物滴定法测定苯乙烯的含量。

原理

电化学方法的操作人员，需要具备相当独立的实验能力、专业知识与认知能力。在所有滴定中，化学计量点的检测都是最重要的。此外，电化学检测还产生电信号，可以很容易地进行处理、变换和传输。

当在滴定过程中形成一种电化学活性上可还原或可氧化的化合物时，其浓度会在化学计量点出现显著变化时，此时可以测量这种转变所需的电流，并将其用作滴定过程的衡量标准。小电极（和相应的小电流）引起的物种消耗量非常小，因此测量误差可以忽略。下面的铅离子与硫酸盐离子滴定过程，可以充分说明这一点。

$$Pb^{2+} + SO_4^{2-} \longrightarrow PbSO_4 \tag{4.14}$$

铅离子在足够负的电极电位下容易被还原，在滴定过程中被逐渐消耗，因此还原电流逐渐减小。过了化学计量点后，只有很小的剩余电流流过。另外，在所施加的电极电位下，硫酸盐离子在电化学上是不活跃的。同时，硫酸根离子与铅离子的滴定结果是反向依赖的。即滴定开始时，电流很小，但过了化学计量点后，由于铅离子过量，导致电流迅速增大。

$$SO_4^{2-} + Pb^{2+} \longrightarrow PbSO_4 \tag{4.15}$$

而在另一种滴定过程中，待测物种和滴定剂都具有电化学活性。比如，铅离子可与重铬酸盐离子共沉淀，如下式所示：

$$2Pb^{2+} + Cr_2O_7^{2-} + H_2O \longrightarrow 2PbCrO_4 + 2H^+ \tag{4.16}$$

这两种离子在阴极都可以被还原，如下式所示：

$$Pb^{2+} + 2e^- \longrightarrow Pb \tag{4.17}$$

$$Cr_2O_7^{2-} + 14H^+ + 6e^- \longrightarrow 2Cr^{3+} + 7H_2O \tag{4.18}$$

由于铅离子的还原，导致阴极电流逐渐减小，直至达到化学计量点；除此之外，由于过量的重铬酸盐离子数量变少，电流又将再次上升。滴定剂的类型和施加在指示电极上的电极电位，决定了所测的曲线形状。下面将讨论三种可能出现的组合。

① 在化学计量点之前，铅离子被还原，但在化学计量点之后，重铬酸盐离子被还原（图 4.13）。

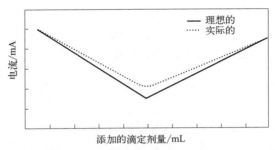

图 4.13　用重铬酸离子沉淀滴定铅离子的滴定曲线（$E_{sce}=-1.0V$）

② 在第二种情况下（见图 4.14），直到化学计量点，电流几乎为零，因为电极电位的电负性（程度）无法还原铅离子。超过化学计量点后，重铬酸盐离子继续被还原。对于以下两种情形：待测定的物质的电化学活性不足时（即硫酸根离子与铅离子滴定中的硫酸根离子），以及电极电位足以导致滴定剂转变（在本例中，$E_{sce}=-1V$）时，二者所获得的曲线形状类似。

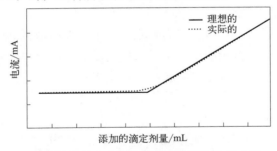

图 4.14　用重铬酸离子沉淀滴定铅离子的滴定曲线（$E_{sce}=0V$）

③ 在第三种情况下，重铬酸盐离子在化学计量点之前被还原，但在化学计量点之后，指示电极的电位的电负性（程度）无法还原铅离子（图 4.15）。

使用电化学不活跃的滴定剂时，也可以得到类似的曲线。例如，在铅离子与硫酸盐离子的沉淀过程中，指示电极电位的电负性必须足够大，才能还原铅离子（$E_{sce}=-1.0V$）。

设置特定的电极排布方式，使指示电极保持在确定的电极电位，对实现该方法很关键。由于电流取决于要转化物种的类型和浓度以及可重复性的质量输运，因此实验过程中有必要建立恒定的条件。建议使用支持电解质（以避免迁移的影

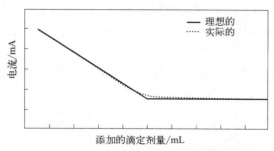

图 4.15　用铅离子沉淀滴定重铬酸离子的滴定曲线（$E_{sce} = 0V$）

响），在扩散限制区域内设置电极电位，以及通过搅拌等方法建立恒定的质量输运。

悬汞电极、旋转铂盘电极或针电极已成功地用于可还原物种。考虑到汞很容易被氧化，为了只控制氧化态，只能用铂。在大多数情况下，固定铂电极也可以代替旋转铂电极。要设置所需的指示电极电位，基本需要一个参考电极（如饱和甘汞电极）和一个带有恒电位器的三电极排列。内阻抗低、不可极化的参比电极（大多数饱和甘汞电极符合这一要求），表面积很小的指示电极（对应于很小的流动电流，推荐使用）可以作为双电极排列中的参比电极和对电极。由于在大多数情况下，除要测量的种类外，氧气也可以被还原，所以在每次电流测量前和加入滴定剂后，都要用氮气或其他惰性气体吹扫样品溶液，以赶走氧气。

在没有外部电压源时，也可以用显示在指示电极和参考电极之间的电压，进行安培检测。例如，当使用铂指示电极通过灵敏的安培计与甘汞电极连接时，在自发建立的电极电位下，滴定产物和待测物质都不能发生电化学转化，此时不会出现电流。当滴定剂可以在这些条件下进行转化时，在超过化学计量点后，过量滴定剂将产生显著的电流流动。

安培法在苯乙烯溴化物滴定中也有很大用途。使用 KBr 和盐酸酸化甲醇的样品溶液，以铂丝电极作为指示电极，浸泡于样品溶液中。其相对于饱和甘汞电极的电势约为 $E_{sce} = 0.25V$。在指示器和参考电极通过电流表连接的情况下，该电势数值很小，不会导致铂丝产生任何电极反应。加入的溴酸盐离子，与溴离子在酸性条件下反应，生成溴单质：

$$5Br^- + BrO_3^- + 6H^+ \longrightarrow 3Br_2 + 3H_2O \qquad (4.19)$$

溴单质再与苯乙烯反应，被消耗掉：

$$\text{C}_6\text{H}_5-\text{C}(\text{H})=\text{CH}_2 + \text{Br}_2 \longrightarrow \text{C}_6\text{H}_5-\text{CH(Br)}-\text{CH}_2(\text{Br}) \qquad (4.20)$$

只有当溶液中出现游离溴时，可逆反应才会产生电流：

$$Br_2 + 2e^- \rightleftharpoons 2Br^- \tag{4.21}$$

实施
化学品和仪器

0.01mol·L^{-1} Pb(NO$_3$)$_2$ 水溶液

Pb(NO$_3$)$_2$ 浓度未知的水溶液

0.001mol·L^{-1} KBrO$_3$ 水溶液

0.0005mol·L^{-1} K$_2$Cr$_2$O$_7$ 水溶液

0.2mol·L^{-1} NH$_4$NO$_3$ 水溶液

甲醇

KBr

浓盐酸

苯乙烯水溶液❶

冰

直流电压源

安培表（μA）

滴汞电极

饱和甘汞电极

铂电极尖端

氮气

250mL 烧杯

量筒 100mL

量筒 10mL

滴定管

磁力搅拌板

磁力搅拌棒

设置

（1）铅的测定

汞电极和甘汞电极通过电流表连接到直流电压源。溶液的搅拌受气体吹扫的

---

❶ 这种溶液需要剧烈摇晃。苯乙烯对人体健康有害，须使用通风柜，倒入或在分离漏斗中分离来制备，形成不透明溶液表明乳液已经生成；经过一些操作后，相分离将会发生。

影响。

（2）苯乙烯滴定

铂针尖电极和饱和甘汞电极通过电流表连接。磁力搅拌样品溶液。

步骤

（1）铅的测定

每次测量前，首先用氮气吹扫溶液中的氧气。每次滴定时，控制液滴下落时间约 2s，且在每一滴落下之前，立即读取电流数值。首先，记录一条电流-电位曲线作为基准，为随后的滴定确定合适的电极电位。向 50mL NH_4NO_3 溶液中加入 1mL $Pb(NO_3)_2$ 溶液。清洗后，在 0～1200mV 区间，记录氧气的电流-电位曲线（步长为 50mV）。

记录重铬酸盐还原曲线时，需要从样品溶液中完全沉淀铅离子，可以通过加入约 15mL 重铬酸盐溶液以实现完全沉淀。记录重铬酸盐还原的电流-电位曲线时，和前面记录铅离子的方法一样，以得到的曲线为基准，选择合适的电极电位，再进行后续滴定。滴定时，由于所用电极是固定的，所以应选择相应的电极电位。向烧杯中的 50mL NH_4NO_3 溶液中加入 1mL 未知浓度的铅离子溶液。用氮气吹扫后，按每次 0.5mL 的量滴加重铬酸盐溶液。每次滴定后，都要用氮气吹扫溶液，并记录液滴入溶液时的峰值电流。切记，只有当溶液先吹扫后滴定（形成沉淀），才能重复测得恒定的电流值。重复滴定，每次加入 1mL 滴定剂。添加较大的量会影响精度吗？

（2）苯乙烯滴定

烧杯中加入 75mL 甲醇和 5mL 浓缩 HCl，在冰浴中冷却至 5～10℃。加入含有苯乙烯的样品（这里是 25mL 饱和溶液）。如果温度上升到 10℃ 以上，需要再次用冰冷却。加入 1g KBr 后，将 $KBrO_3$ 溶液作为滴定剂。建议电流表的电流范围为 20μA。

评价

必须仔细核实反应的化学计量学和所用溶液的物质的量浓度。未知铅离子浓度应以 mol/L 为单位进行记录。从苯乙烯滴定得到的值计算出其在水中的溶解度（图 4.16）。从所得图中确定化学计量点。

注意：苯乙烯很容易挥发，在大多数情况下只能得到较低的溶解度值。因此，必须采用特别的预防措施，以获得准确的数值。在报告的例子中，发现苯乙烯含量为 0.0093%（质量分数）。文献值为 0.023%（D. H. James and W. M. Castor, in *Ullmann's*, 5th ed., 1994, Vol. A25, p. 330）。

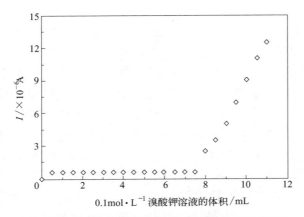

图 4.16　安培法溴或溴化物滴定苯乙烯的滴定曲线

问题

（1）在选择指示电路的电压时，必须观察哪些因素？电流与哪些影响因素有关？

（2）解释观察到的滴定曲线的形状。

（3）估计阴极铅沉积引起的误差。假设在含 3mg 铅离子的溶液中，指示电路的平均电流为 2.5μA，需要 5min 时间到达化学计量点。

实验 4.8：极谱分析法（基本原理）

任务

（1）测定铜、镉和锌的半波电位。

（2）测定镉离子的扩散限制电流（极谱波高度）对用于定量测定的浓度的依赖性。

（3）测定未知成分的样品溶液的组成（定性：铜、镉、锌；定量：镉）。

原理

极谱法是一种伏安法。伏安法（伏安测量法的缩写形式）通常是测量在电化学电池中流过测试电极的电流，它是电极电位（加到电池上的电压）的函数。极谱学的一个特点是使用水银电极。可用各种非极化的电极为对电极（对电极上的反应不重要，可忽略）。汞电极，特别是滴汞电极的优点如下：

① 可随时更新电极表面；

② 高的氢过电位（即电解质溶液分解对析氢反应的动力学抑制）将电极电位的可用电负性范围扩大到 $E_{\mathrm{Ag/AgCl}} = -1.8\mathrm{V}$。

在汞工作电极上，只有当电极电位足够负或正，才能发生还原或氧化过程，使用溶液物种发生转换。该电极反应导致接近汞表面区域的电解质溶液耗尽，并且建立了一个朝着溶液方向递增的浓度梯度。这种梯度通过扩散驱动质量传输。在停滞溶液中排除了人工对流的质量输送。自然对流因为溶液密度的局部变化，可引起溶液消耗。但由于转化的物种数量很小（可以忽略），因此密度变化也很小。通过加入大量的电化学惰性电解质（KCl、NH_4Cl），以抑制电极间电场引起的迁移。当电极电位足够大时，到达电极表面的所有物种会立即发生转换，其在电极表面的浓度为零。由此产生的电流称为扩散限制电流 I_{diff}。

根据 Fick 第一定律，扩散速率与界面处的浓度梯度 $\mathrm{d}c/\mathrm{d}x$ 成正比。在扩散限制情况下，表面浓度 $c_{\mathrm{s}} = 0\mathrm{mol \cdot L^{-1}}$；此浓度梯度可用 Nernstian 扩散层的厚度 δ_{N} 和物种的体积浓度 c_0 来描述（图 4.17）。

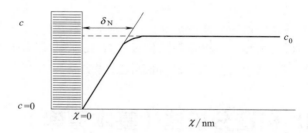

图 4.17　电化学界面的浓度分布图

在给定的电极电位下，这个方法可有效用于确定从 I_{diff} 转换的物种的浓度。通过适当的预防措施，可排除其他的物质传输方式。比如，存在于暴露在空气中的溶液中的氧气，可在充分负电极电位下被消耗，从而使记录的电流-电位曲线失真，因此必须用惰性气体吹扫净化。在只有支持电解质的无双氧水电解质溶液中（例如，$1\mathrm{mol \cdot L^{-1}}$ NH_4Cl），由于汞的氢过电位较大，以及铵阳离子的还原需要电负性非常负的电极电位，在此电极电位下会出现负电流（见图 4.18 中的曲线 1）。

加入 Zn^{2+}、Cd^{2+}、Cu^{2+} 等，得到曲线 2。用低通量滤波器对曲线进行简单的电子平滑处理，所得曲线如图 4.18 中的曲线 2 所示。

由于滴定轨迹显示得很清楚，因而更易记录与计算。记录的电流-电压曲线随着汞电极的滴加频率而振荡。在一个液滴滴加的操作周期中，I_{diff} 的平均值由 Ilkovič 方程给出：

$$I_{diff} = 607n \sqrt{D} m^{2/3} c_0 \tau^{1/6} \tag{4.22}$$

式中　D——扩散系数，$cm^2 \cdot s^{-1}$；

　　　m——汞在滴汞电极上的流速，$mg \cdot s^{-1}$；

　　　τ——降低时间，s。

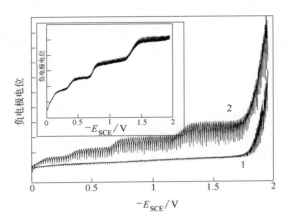

图 4.18　$1mol \cdot L^{-1} NH_4Cl + 0.5mol \cdot L^{-1} NH_4OH$（1），每毫升加入
$3mg\ Cu^{2+}$、Cd^{2+} 和 Zn^{2+} 的水溶液的简单极谱❶（2）

在每步滴定曲线的半高处观察到的电极电位（$I = I_{diff}/2$）是物种的一个典型特性。在能斯特方程成立的可逆电极反应中，半波电位等于电极反应的标准电位。由于采用了随时间变化的直流电压，这种方法称为直流极谱法。

实施
化学品和仪器

$2mol \cdot L^{-1}\ NH_4Cl$ 水溶液

$1mol \cdot L^{-1}\ NH_4OH$ 水溶液

含 $1mg \cdot mL^{-1}\ Cu^{2+}$、$Cd^{2+}$ 和 Zn^{2+} 的标准溶液

铜、镉、锌含量未知的样品溶液

滴汞电极

饱和甘汞电极

极谱容器❷

三角电压扫描发生器（或等效电压源）

---

❶　根据极谱的惯例，轴的比例与通常的方式相反。

❷　对于非常简单的实验，烧杯就足够了。

数字电压表
X-Y 记录仪
滴定管
氮净化气

设置

基本设置如图 4.19 所示。滴汞电极和极谱电池置于滴盘中，以便在元件失效或泄漏时收集汞。

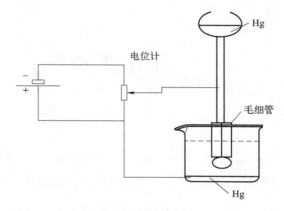

图 4.19 极谱设置

步骤

将 200mL 的 $2mol \cdot L^{-1}$ NH_4Cl 溶液和 100mL 的 $1mol \cdot L^{-1}$ NH_4OH 溶液混合配制成支持电解质溶液。取 50mL 支持电解质溶液，加入含镉溶液，得到 $1.25mg$、$2.5mg$、$3.75mg$ 和 $5mg$ Cd^{2+}。电压发生器设置为 $0 \sim -2V$（相对于电池底部的汞池电极，使用参考电极更加方便），扫描速率设置为 $dE/dt = 10mV \cdot s^{-1}$。电阻设置为 500Ω，用于电压源和水银毛细管之间的分流，并记录电流。

将支持电解质溶液注入电池，用氮气净化 5min。汞罐固定在电池上方约 35cm 处（实际高度可能略有差异）。当阀门打开时，控制液滴的下降速率为 1 滴 $\cdot s^{-1}$，进行滴定。

记录以下极谱图：

① 支持电解质溶液 50mL；

② 同溶液加 3mL 铜离子溶液；

③ 上一溶液加 3mL 镉离子溶液；

④ 上一溶液加 3mL 锌离子溶液；

⑤ 50 mL 溶液加 1.25mg Cd^{2+}；

⑥ 50 mL 溶液加 2.5mg Cd^{2+}；

⑦ 50 mL 溶液加 3.75mg Cd^{2+}；

⑧ 5mg Cd^{2+} 50mL 溶液；

⑨ 铜、镉、锌含量未知的样品溶液。

评价

由极谱图①确定支持电解质溶液的分解电压。由极谱图②～④确定不同金属的半波电位。由极谱图⑤～⑧绘制镉的校准曲线及台阶高度与浓度的关系。由极谱图⑨导出各种金属的存在和镉离子的浓度（使用校准曲线）。

问题

（1）列出伏安法中滴汞电极的优点。

（2）什么是极谱？

（3）描述配套电解质的作用。

（4）迁移、扩散和对流在极谱容器中扮演什么角色？

（5）描述并解释一个典型的极谱图。

（6）半波电位和标准电位有什么关系？

（7）如何对极谱图进行定性和定量评估？

（8）为什么下降速率取决于电极电位？

（9）如何正确处理这些实验产生的含镉溶液？

实验 4.9：极谱分析法（高级方法）

任务

对低浓度的重金属离子进行定量测定。

原理

"极谱"这个术语所指的各种分析伏安技术，都用到了汞工作电极。工作电极上的电极反应（还原或氧化）会产生电流。在所有情况下，通过该电极的电流都记录为所施加电极电位的函数。在一个简单的双电极系统的情况下（如在前面的实验中），对电极电位也充当参比电极，因此其电极电位必须明确和保持恒定。直流极谱法得到的典型曲线如图 4.18 所示。在文献 EC：49 中提供了其他极谱方法更详细的描述。

实施
化学品和仪器

$0.1mol \cdot L^{-1}$ KCl 水溶液［含有 $0.01mol \cdot L^{-1}$ Pb（NO_3）$_2$］

$2.5mg \cdot mL^{-1}$ 的 Pb^{2+}、Cu^{2+}、Cd^{2+} 和 Zn^{2+} 的水溶液

pH＝4.5 醋酸水溶液缓冲溶液

极谱直流电，差分脉冲，采样极谱法

X-Y 记录仪

移液管（10mL、20mL）

2mL 滴定管

$100\mu L$ 微型注射器

8 个 100mL 容量瓶

设置

极谱仪以"三电极排列"的方式，与记录仪和极谱电池连接。

步骤

① 在 $0.1mol \cdot L^{-1}$ KCl 中加入 $0.01mol \cdot L^{-1}$ Pb（NO_3）$_2$ 水溶液，以不同的汞流速（液滴时间 τ）测定铅离子还原的 I_{diff}。

② 在 pH＝4.5 的乙酸水缓冲溶液中测定 Cu^{2+}、Cd^{2+}、Pb^{2+} 和 Zn^{2+} 的浓度；方法：差分脉冲极谱法（a~d 溶液）和采样极谱法（d 溶液）。

a. 10mL 缓冲溶液；

b. 分别加入 $100\mu L$ 金属溶液；

c. 分别加入 $200\mu L$ 金属溶液；

d. 分别加入 $300\mu L$ 金属溶液；

e. 用采样极谱法从 d 中得到溶液；

f. 未知浓度的溶液。

评价

① 结合 Ilkoviĕ 方程，确定半波势和极谱波的高度作为下降时间的函数。

② 确定峰电位和峰高。绘制各种重金属离子的校准曲线。确定未知组分溶液的组分（定性和定量）。

参考文献

Kapoor, R. C. and Aggarwal, B. S. (1991) *Principles of Polarography*, John Wiley & Sons, Inc., New York.

实验 4.10：阳极溶出伏安法[1]

任务

利用汞膜电极，可测定含有微量金属离子的溶液的组成。通过标准滴加法进行比较，根据这些离子的特性和浓度建立参考标准。

原理

人们提出了各种方法，以提高检测灵敏度，特别是对低水平检测的灵敏度（EC：494）。这些方法包括：尽量减少电容充电电流的负面影响的步骤；在阴极沉积方面进行预积累，以及由此形成的汞齐的后续阳极溶解等措施，都显著促进了检测水平与能力的提升，检测限可低至 10^{-12}。在剧烈搅拌的溶液中，作为一种替代在悬挂式汞滴进行预积累（显然，不能使用滴汞电极）的方法，石墨支架上的汞膜电极已经获得了很大的成功。在该方法中，金属离子在石墨或玻碳电极上预积累时，同时形成汞薄膜和汞齐。这种方法在不处理环境问题中大量汞的条件下是非常有效的，也避免了处理悬挂式汞滴的困难。最后，在实际浓度测定过程中，形成的薄膜在阳极扫描过程中完全溶解，清洗电极的步骤被简化成简单的冲洗。

施加一个比氢更负的电极电位进行预积累后，通过阳极氧化进行过程演化分析。在最简单的案例中，缓慢的阳极电位扫描就足够了，也可以应用各种先进的极谱（例如：脉冲极谱法）进行进一步改进与提高精度。根据它们在电化学序列表中的位置，沉积的金属按顺序从汞合金中溶解。与经典的极谱图（阶梯状扩散限制电流波）相比，由于传输条件发生改变，可以观察到阳极电流峰值。平面电极的峰高可用 Randles-Sevčik 方程近似表示：

$$I_p = 2.59 \times 10^5 \times A n^{\frac{3}{2}} \sqrt{D} \sqrt{v} c_0 \qquad (4.23)$$

---

[1] 这种方法也称为阳极剥离极谱法。

对于悬挂式汞滴，尼科尔森和沙恩推导的方程是成立的：

$$I_p = 602n^{\frac{3}{2}}A\sqrt{D}\{0.4463+0.160\times(1/r)/[D/(nv)]\}c_0\sqrt{v}$$

$$(4.24)$$

这些复杂的关系，使得物种浓度和峰高之间的直接关联变得困难，所以采用加法得到的校准曲线比较好。

实施

化学品和仪器

$0.1mol \cdot L^{-1}$ KCl 水溶液

$5g \cdot L^{-1}$ Hg（NO_3）$_2$ 或 $HgCl_2$ 水溶液

电化电池（如 H 形电池）

玻璃碳电极

饱和甘汞参比电极

铂丝对电极

恒电位器和函数发生器

X-Y 记录仪

磁力搅拌板

磁力搅拌棒

设置

恒电位器、电池和记录仪的连接方式与标准伏安法类似。下面的例子是基于容器中的 20mL 溶液开展的。

步骤

将少许经过计量的、含有未知性质和浓度的阳离子的样品溶液加入电池的电解质溶液中（$0.1mol \cdot L^{-1}$ KCl 水溶液），加入 0.1mL 含汞溶液。在剧烈搅拌下，电极在 $E_{sce} = 1.5V$ 的条件下保持 10min，由于被还原的阳离子积累，会形成一层汞膜。从这个电位开始，以 $dE/dt = 20mV \cdot s^{-1}$ 的扫描速度缓慢扫描水银溶解情况（$E_{sce} = 1.5V$）。加入标准溶液（这里每 $20\mu L$ 溶液含 $2.5mg \cdot mL^{-1}$ 的铜、镉、铅和锌离子）后，这个过程重复两次。

评价

一组典型的伏安图如图 4.20 所示。峰值电流与浓度的关系图（例如，图

4.21 中的镉离子）可以确定未知浓度；在这种情况下，离子的特性是显而易见的。

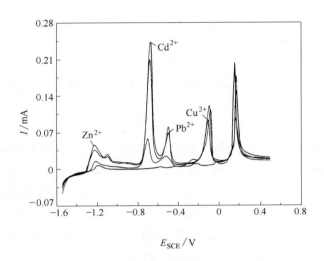

图 4.20 阳极溶出伏安法的单次扫描伏安图

底部记录线：支持电解质溶液；其他记录线：加样液；文中描述的
是标准添加后的进一步记录线

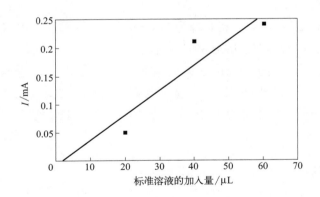

图 4.21 添加镉离子的校准曲线

参考文献

Bard，A. J. and Faull<ner，L. R. （2001） *Electrochemical Methods*，John Wtley & Sons，Inc.，New York，p. 459.

Nicholson，R. S. and Shain，I. （1964） *Anal. Chem.*，36，706.

实验 4.11：磨料溶出伏安法

任务

用 ASV 法[1]定性测定合金的成分，同时用纯金属进行对照研究。

原理

在金属表面划擦硬石墨电极（在最简单的情况下，铅笔芯就足够了），将金属痕迹转移到石墨表面。在阳极扫描中，这种石墨电极与合适的电解质溶液（不会加速所研究的金属的钝化）在三电极排列中用作工作电极，这些金属痕迹可以被氧化溶解。发生氧化的电极电位取决于金属在电化学序列中的位置。活泼金属先溶解，而中等惰性程度的金属则在较高的正电极电位处溶解。由于化学惰性很高的贵金属根本不会溶解，所以不能用这种方法测定。

通过循环伏安法，很容易进行阳极电位扫描（对比实验 3.11）。电流峰值的形成很容易解释，就像溶出伏安法一样，是由于划痕过程中转移的少量金属样品阻碍了传质，以及金属原子供应有限。该实验使用涂有热收缩塑料[2]并装有电连接器的铅笔芯作为工作电极。

图 4.22 显示了一组以纯铅和锑为参考材料，以及通过熔化不同数量的金属制备的各种成分的合金获得的典型 CV 曲线。

合金 1 中含有相同质量百分比的铅和锑，合金 2 中铅含量为 66%，锑含量为 34%。与纯金属相比，合金中观察到的金属溶解的峰值电位有明显的偏移。这是由于纯金属性质与其在合金中的性质具有细微差异。

实施

化学品和仪器

0.1mol·L^{-1} NH$_4$NO$_3$ 溶液

铜、铅、锡和银的样品

成分未知的合金样品

---

[1]　缩写 ASV 用于阳极溶出伏安法，缩写 AbrSV（磨料溶出伏安法）可表达相同意思。

[2]　热收缩管是由挤压和膨胀的聚烯烃制成的，加热时，它会收缩到原来直径的 1/3 或 1/4，并紧紧黏附在被包裹的物体上，提供了很好的绝缘性能。

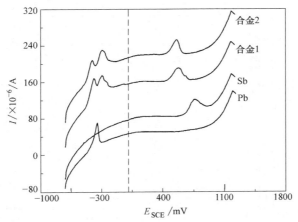

图 4.22　铅笔芯电极在 0.5mol · L^{-1} NH$_4$NO$_3$ 电解质水溶液中

的线性扫描伏安图，　dE/dt= 50mV · s^{-1}

铅笔芯工作电极

饱和甘汞参比电极

铂丝辅助电极

H-电池

恒电位器和函数发生器

X-Y 记录仪

氮气吹扫气

步骤

在 H-电池中充满 0.1mol · L^{-1} NH$_4$NO$_3$ 溶液，电极安装并连接到恒电位器。为了记录空白工作电极的 CV，用惰性气体净化溶液以去除氧分子。在电势范围 $-0.7V < E_{SCE} < 1.5V$ 内记录 CV，即在氢分子和氧分子开始析出的极限之间。

将石墨电极在被研究的金属表面以尽可能大的压力划擦（在不折断的情况下）。将函数发生器设定到其负电位极限，插入石墨电极并连线。第一次阳性扫描从 $dE/dt = 25mV · s^{-1}$ 开始。在第二个完整的扫描周期中，可以验证完全的金属溶解。在该电极电位的范围内，氧气在电化学上并不活跃。另外，气流可能会吹走附着在石墨电极上的金属颗粒，导致误差。考虑这两种因素，在实验中不需要用惰性气体进行吹扫。

图 4.23 中的合金是一种含银、铜和其他金属的银汞合金。

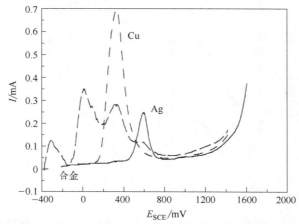

图 4.23 在含有微量铜、银和金属合金的 0.5mol·L^{-1} NH$_4$NO$_3$ 电解质水溶液中，

铅笔芯电极的线性扫描伏安图， dE/dt= 25mV·s^{-1}

评价

通过比较样品和已知金属的峰电位或标准电位的文献数据，可以定性地确定合金成分。

参考文献

Scholz，F.，Nitschke，L.，and Henrion，G. (1989) *Naturwissenschaften*，76，71.

Scholz，F.，Nitschke，L.，Henrion，G.，and Damaschun，F. (1989) *Naturwissenschaften*，76，167.

Scholz，F.，Muller，W. -D.，Nitschke，L.，Rabi，F.，Livanova，L.，Fleischfresser，C.，and Thierfelder，Ch. (1990) *Fresenius f. Anal. Chem.*，338，37.

问题

（1）这种方法也可以应用于金属化合物的研究吗？

（2）为什么合金在金属溶解过程中观察到的峰电位相对于纯金属的值发生了位移？

实验 4.12：阴离子极谱分析

任务

（1）食盐中碘化物的定量测定。

（2）矿泉水中硫酸盐的定量测定。

原理

在阴离子的微量分析中，也可以用到极谱法。一些阴离子可以在汞电极上直接还原。例如：NO_3^-、NO_2^-、BrO_3^-、IO_3^- 和 IO_4^-·IO_3^-。

$$IO_3^- + 6H^+ + 6e^- \longrightarrow I^- + 3H_2O \qquad (4.25)$$

高化合价（每个离子 6 个电子）导致高扩散限制电流，因此这种方法的灵敏度较高。这也可用于 I^- 的测定。虽然碘化物本身就能产生极谱波，但在分析应用中用处不大。然而，由于碘酸盐还原引起的波形面积要比碘化物产生的波形面积大 6 倍，所以碘化物首先被氧化成碘酸盐，然后进行测定。当氯化物过量时，也可能发生这一氧化过程。因此，该方法可用于食盐中碘化物的测定（第一个任务）。

用 Humphrey 描述的一种测定 Cl^-、CN^-、F^-、SO_4^{2-} 和 SO_3^{2-} 的简便极谱法测定碘酸盐浓度。这个过程，也被称为"扩增法"，是基于阴离子 X^- 与金属碘酸盐 $MeIO_3$ 的反应来确定的

$$MeIO_3 + X^- \longrightarrow MX + IO_3^- \qquad (4.26)$$

式中，MX 和 $MeIO_3$ 为不溶或未解离的化合物。在含有待测定阴离子的溶液中，添加水-乙醇混合物（1:1）和适当的金属碘酸盐 $Ba(IO_3)_2$ 用于测定 SO_4^{2-}，$Hg_2(IO_3)_2$ 用于测定 Cl^-、CN^- 和 SO_3^{2-}。

将溶液摇晃并过滤，释放等量的碘酸盐，随后可用极谱法进行测定，该步骤在第二个任务中进行。

实施

化学品和仪器

碱性次溴酸水溶液（50mL 5mol·L^{-1} NaOH + 50mL 溴水）

Na_2SO_3 饱和溶液（用于还原过量的次溴酸盐）

明胶水溶液 0.25%（质量分数）

碘化物标准水溶液（0.05g·L^{-1} KI）

硫酸盐标准水溶液（1mg·L^{-1} 硫酸盐）

乙醇

碘酸钡

浓缩高氯酸

食盐

加碘食盐

P. A. 氯化钠

两种不同硫酸盐含量的矿泉水

设置直流极谱法

1 支移液管 1mL

两支移液管 10mL

6 个 50mL 量瓶

6 个 50mL 烧杯

硫酸钡滤纸

漏斗

氮气吹扫气

设置

使用直流极谱法的设置（见图 4.19）。

步骤

碘盐添加量的测定：在搅拌并用氮气吹扫后，在 $-1.4V < E_{SCE} < -0.5V$ 范围记录极谱图，对所有样品重复上述步骤。为了进行比较，在进一步的测试中，需要加入 1mL 的标准碘化物溶液（不能加入 1mL 的水）。

碘含量是根据下文公式进行计算：

$$x = 25 - \frac{a}{b-a} \ (\mathrm{mgKI/kg} \ 盐) \tag{4.27}$$

用样品测得的阶跃高度 a 和用标准溶液获得的阶跃高度 b。

矿泉水中硫酸盐的测定：研究了两种硫酸盐含量显著不同的矿泉水，并使用纯净水作为参考。首先，必须将含有二氧化碳的水煮沸，以去除二氧化碳。冷却后，将 25mL 水转移到测量烧瓶中。当加水量快到烧瓶刻度线时，加入 0.5g 的 $BaIO_3$，使得再加入乙醇时，正好达到刻度线。将烧瓶大力振荡 20min 并且过滤，向滤液中添加 0.5mL 浓缩高氯酸。用氮气吹扫后，在 $-1.4V < E_{SCE} < -0.5V$ 范围记录极谱图。作为参考，我们研究了一种已知硫酸盐浓度的溶液，该浓度与上述用标准溶液配制的矿泉水的供应商提供的浓度数值接近。

评价

讨论了该方法的灵敏度，所得结果与样品厂家给出的数据进行了比较。

参考文献

Humphrey，R. E. and Sharp，S. W.（1976）*Anal. Chem.*，48，222.

问题

（1）解释在这两个任务中使用的各种添加剂的目的和作用方式。

（2）在这两种情况下，碘酸盐的浓度是由阴极还原决定的。半波电位差异很大。为什么？

（3）推导公式（4.3）。

实验 4.13：表面张力电量法

任务

通过测量悬汞电极的微分双层容量随电极电位和溶解酒精浓度的函数关系，可以确定该体系的 Frumkin 吸附等温线的参数。

原理

在交流极谱中，将一个小的交流电压（典型值：$10 \sim 100 \, Hz$，$5 \sim 50 \, mV$）叠加在直流极化电位上。在产生的电流中，直流分量被移除，只有交流分量可以被放大、矫正和表达。因此，我们观察到的 $I_{\approx}$（双层电容）$/E$ 曲线显示的是电流峰，E_p 为峰电位，I_p 为峰高，而不是从直流极谱中预期的电流步长。

峰值生成的示意图如图 4.24 所示。

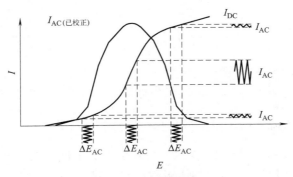

图 4.24 交流极谱峰值产生形状

在给定的直流电势下，叠加的交流电压导致氧化还原或充电过程的周期性序列的产生。

各交流电流在直流极谱 $I_{\approx}/E$ 曲线最陡处均表现为最大值。当直流电流作为外加的直流电势函数保持恒定时，就无法显示交流电流信息。从形式上讲，得到了直流极谱的一阶导数。实际上，结果不仅仅是相对于直流极谱图的镜像（例如，真空管或晶体管的特性）。在不可逆程度或多或少的电极反应中，还原和氧化的半波电位不同，并不是所有在交流波负极部分还原的物质都能在交流波正极部分被再氧化，反之亦然。

在完全不可逆的过程中，没有东西会被再氧化。因此，$I_{\approx}$ 的峰高度在很大程度上取决于电极反应的动力学参数。这是对完全不可逆还原物种进行定量分析时的一个缺点，但有时它也可以成为一种优势，例如，除了过量的不能再氧化的物种外，还存在少量的可逆再氧化物种的情况。交流极谱法的一个优点是提高了分辨率：能够用紧密间隔的半波电位区分物种。在这种情况下，直流极谱图将不显示明确的电流跃迁，使确定阶跃高度困难甚至不可能。在交流极谱法的情况下，对相同的基线测量两个峰值，这是所有显示电流峰而不是电流波的方法的普遍优势，就像实验 4.9 中使用差分脉冲极谱时所观察到的那样。交流极谱法的缺点是由叠加的交流电压引起的额外充电电流，从而导致在 $c = 10^{-4}\,\mathrm{mol} \cdot \mathrm{L}^{-1}$ 左右出现较低检测限。这种电容电流可以有力地用于双电层研究。因此，可以对影响双电层电容的表面活性物质（张力）进行分析和动力学研究。这些测量，也被称为"张力测量法"，是本次实验的目的。它们实际上是电容的测量，而不是 $I_{\approx}$ 的法拉第分量。因此，也可以研究本身没有电化学活性的物质。当这种物质被吸附在汞电极上时，与不添加这种物质时观察到的值相比，双层电容（即 $I_{\approx}$）发生了变化。此外，在这些物质的吸附和解吸的电极电位处，可以观察到交流电流峰（见图 4.25）。

在这张图中，没有画出 $I_{\approx}$，而是画出了微分双电层电容，它与 $I_{\approx}$ 成正比。

$$I_{\mathrm{C}} = \frac{\mathrm{d}E}{\mathrm{d}t} C_{\mathrm{diff}} \tag{4.28}$$

式中，$\mathrm{d}E/\mathrm{d}t = v =$ 常数。

双电层差分电容 C_{diff} 与双电层积分电容 C_{int} 有关，如下公式：

$$C_{\mathrm{diff}}(E) = C_{\mathrm{int}}(E) + \left(\frac{\mathrm{d}C_{\mathrm{diff}}}{\mathrm{d}E}\right) \times (E - E_{\mathrm{pzc}}) \tag{4.29}$$

为了简化，可以使用势能公式 $E^* = E - E_{\mathrm{pcz}}$。$E_{\mathrm{pcz}}$ 是零电荷的电极电势，即电毛细极大值（EC：124）。由于吸附相当于式（4.29）中 C_{int} 的较低值，因此会导致 C_{diff}/E 曲线中的值下降（见图 4.25）。C_{int} 取决于 E 和吸附物质的性质和数量，而 $\mathrm{d}C_{\mathrm{int}}/\mathrm{d}E$ 在 $-0.5\mathrm{V} < \mathrm{ESC} < 0.8\mathrm{V}$ 范围内可以忽略不计。与吸

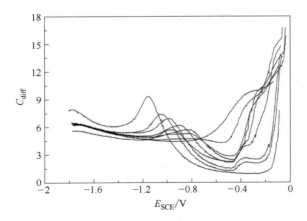

图 4.25 在 1mol·L⁻¹ KCl 电解质溶液中加入不同浓度的丁醇时
（0.0、 0.04mol·L⁻¹、 0.08mol·L⁻¹、 0.1mol·L⁻¹、 0.15mol·L⁻¹、
0.2mol·L⁻¹、 0.25mol·L⁻¹、 0.3mol·L⁻¹、 0.4mol·L⁻¹），
Cd 作为电极电位 E_{SCE} 的函数（E_{SCE}＝－0.5V 时为下降曲线）

附和解吸过程相对应的峰是由双电层结构的重组引起的。例如，替换支持电解质的阴离子由此改变（dC_{int}/dE）E 中的贡献。为了详细分析，需要对这些极大值进行计算。因此，这种方法可以测定其他电化学方法无法测定的电化学非活性物质的浓度。

在这个实验中，我们评估了 C_{diff} 降低的电位范围。根据在选定电位下观察到的这种变化作为溶液中可吸附物种浓度的函数，可以确定这些物种在表面上的覆盖程度 θ。假设 C 为给定浓度下的 C_{diff} 值，C_0 零浓度下的值，C_{max} 为 C 的最小值，其中浓度的进一步增加不会导致电容进一步降低（因此，可以假设 $\theta=1$），θ 可计算为

$$\theta=\frac{C_0-C}{C_0-C_{max}} \tag{4.30}$$

θ 与可吸附物种浓度的关系表示为吸附等温线，如图 4.26 所示。

当在研究的浓度范围内未达到 C_{max} 时（即随着浓度的进一步增加，曲线的最小值不断降低），可以通过绘制（$C-C_0$）/C_0 与浓度的关系图，来推算 C_{max} 的值。

通过图形分析，可以得到 Frumkin 等温线的吸附系数 B 和相互作用系数 a：

$$Bc=\left(\frac{\theta}{1-\theta}\right)e^{-2a\theta} \tag{4.31}$$

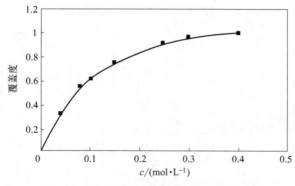

图 4.26　丁醇的覆盖度 θ 作为浓度的函数

θ 对 $\ln c$-$\ln$ [θ/（1 − θ）] 的曲线得到截距为 B，可用于计算吸附的吉布斯能：

$$\Delta G_{ad} = (B - \ln 55.5)RT \qquad (4.32)$$

如图 4.27，从图示数据中可以计算出 $\Delta G_{ad} = -14.4 kJ \cdot mol^{-1}$，与文献中 $\Delta G_{ad} = -14.0 kJ \cdot mol^{-1}$ 具有较强的一致性。　[A. de Battisti, B. A. Abd-El-Nabey, and S. Trasatti, *J. Chem. Soc., Faraday Trans. I*, 72（1976），2076]

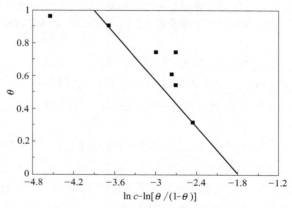

图 4.27　Frumkin 等温线测试

实施

化学品和仪器

1mol · L^{-1} KCl 溶液

叔丁醇

电化学电池中带有参比电极和反电极的悬汞电极

稳压器

函数发生器

正弦波发生器

选频放大器

X-Y 记录仪

加热板

微升注射器

氮气吹扫气

设置

图 4.28 显示了表面张力电量法的设置。

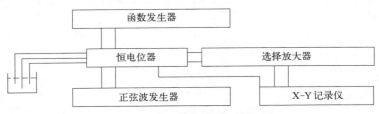

图 4.28　表面张力电量法的设置

步骤

仪器连接如图 4.28 所示。首先在没有酒精的情况下得到 $C\text{-}E$ 曲线，找到 C_0。向电池中加入 10mL 支持电解质溶液，同时使用一个悬挂的汞滴，并用氮气吹扫溶液 10min。在电势 $-1.7\text{V} > E_{SCE} > 0.05\text{V}$ 范围内，以扫描速率 $dE/dt = 10\text{mV} \cdot \text{s}^{-1}$，正弦波振幅 $U_{\approx} = 30\text{mV}$，频率 80s^{-1}，记录 $C\text{-}E$ 图。叔丁醇以 $10\mu\text{L}$（最多 $100\mu\text{L}$）和 $50\mu\text{L}$（最多 $400\mu\text{L}$）的频率逐次添加。

每次添加后，将溶液吹扫，并记录 $C\text{-}E$ 曲线。因为丁醇在 25.5℃ 凝固，所以它和注射器一起在加热板上被保温。在所述的装置中，$1\mu\text{L}$ 相当于浓度增加 $10^{-5}\text{mol} \cdot \text{L}^{-1}$，从而使浓度达到 $0.01\text{mol} \cdot \text{L}^{-1}$、$0.02\text{mol} \cdot \text{L}^{-1}$ 和最高 $0.1\text{mol} \cdot \text{L}^{-1}$，随后依次为 $0.05 \sim 0.4\text{mol} \cdot \text{L}^{-1}$。

评价

根据 $(C - C_0)/C_0$ 与浓度的关系，得到了 $C_{\max}$。用这个值可以绘制吸附等温线。通过对 Frumkin 等温线的测试，可以计算出 B 和 ΔG_{ad}。结果可与文献值进行比较。

参考文献

Damaskin, B. B., Petrii, O. A., and Batrakov, V. V.　(1971) *Adsorption of OrganicCompounds on Electrodes*, Plenum Press, New York.

5 非传统电化学

除了测量电极电位、电池电压、电流和电荷等变量以及它们对浓度、温度或压力等进一步参数的依赖性外，其他自然科学和技术领域的方法也被运用到电化学中。例如，光谱法和表面分析方法都做了相应的功能调整，以实现在电解质溶液存在下的原位研究。这样，通过多种技术联立研究，有效回答了许多仅用传统电化学方法无法回答的开放性问题。在这些非传统的电化学方法中，有个仍在迅速发展壮大的方法，称为光谱电化学。一般而言，在我们的第一印象中，如果该方法需要用到更昂贵的仪器似乎是一种缺点。在大多数情况下，光谱电化学需要用到分光计或更大的分析仪器。只有在少数情况下，例如，在测量电极上沉积的聚合物膜的电导时（这里的电导与电极电位和电解质溶液组成等参数相关），需要的信息才可以通过极其简单的步骤获得。

因此，在进行下述实验时，需要考虑实验室是否配备相应的仪器。在某些情况下，可能需要调整一些仪器来进行本章中的实验，这将会导致教学实验室的规模超过常规的规模。所以，下文中的实验可以作为大家做实验的参考，而不用完全参照进行。以下光谱实验只是在实际过程中得到的一些较为典型的例子，并不代表理论最优。

Experimental
Electrochemistry

实验 5.1：紫外可见光谱

任务

将聚苯胺（PANI）膜沉积在 ITO 电极❶上，并用原位紫外可见光谱对其进行表征。

原理

在分析化学中，电子跃迁在紫外和可见范围的光谱（紫外可见光谱）多用于定量分析。在物理学中，这种方法可以得到有关电光性质的信息。在电化学中，这两个目的都可以实现。有几种实验方法，最显著的区别在于光束被引导到电极的方式和所用电极的类型。在外部反射中，将光束导向电极并反射。反射后，可能发生与电极表面的相互作用、修饰层、吸附物等，导致反射光的光谱变化，甚至可能发生电极金属本身的相互作用。例如，黄金显示出"金色"，是因为带内电子跃迁导致了 560nm 以下的光学吸收和较长波长的（黄色）光的反射，而铝没有颜色，因此更接近于理想的反射器。反射光束被引导到探测器上，与参考光束（或光谱）比较可以得到吸收光谱。作为参考，可以取不同电极电位的电极，由此获得的微分光谱包含了由吸附剂的覆盖率、结构和表面膜的组成等引起的电极表面反射率随电极电位变化的信息。实验 5.3 采用了这种方法。

在另一种方法中，光谱仪中使用了一个光学透明电极（OTE）和一个传输装置。该 OTE 由涂覆铟掺杂氧化锡的玻片制备而成。将涂有待研究材料的所述电极插入作为电化学电池的标准试管中，计数器和参考电极放置在光束路径外，当在实验期间在反电极处可能形成光吸收产物时（这一点尤其重要），在光谱仪的参考通道中，放置有 OTE 和电解质溶液的试管。因此，使用标准双束光谱仪进行测量时产生的光谱只显示样品池中 OTE 上存在的物质引起的吸收。图 5.1 显示了设置的主要组件。

本实验以实验 3.21 中已经研究过的聚苯胺为例，探讨了本征导体聚合物（ICP）的深入性质。在 OTE 上沉积聚苯胺膜，在高氯酸存在下，它的吸收光谱记录为电极电位的函数。从光谱中，可以得到聚合物的电光性能信息。

---

❶ ITO＝铟锡氧化物，在透明基板（玻璃）上的透明的电子导电涂层，可用作电极。ITO 镀膜玻璃广泛应用于液晶显示器。

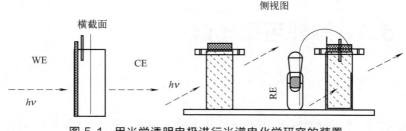

图 5.1　用光学透明电极进行光谱电化学研究的装置

实施

化学品和仪器

$1\,mol \cdot L^{-1}\,HClO_4$ 溶液

$0.2\,mol \cdot L^{-1}$ 苯胺或邻甲苯胺溶于 $1\,mol \cdot L^{-1}\,HClO_4$ 溶液中

ITO 工作电极的紫外-可见电池，金线反电极，参比电极与盐桥

紫外可见分光计

稳压器

函数发生器

设置

对于电聚合，同样的电池也可以用于 UV-Vis 实验。工作电极、计数器电极和参考电极连接到恒电位器。在后续的光谱实验中，含有单体的聚合溶液被无单体的支持电解质溶液取代。在光谱仪的参考光束中，放置一个有支持电解质溶液和 ITO 电极的试管。

步骤

在合适的电化学电池或直接在 UV-Vis 试管中，聚合物膜电位沉积在 ITO 涂覆的玻璃电极上。聚合溶液内含有 $0.2\,mol \cdot L^{-1}$ 苯胺或邻甲苯胺的 $1\,mol \cdot L^{-1}\,HClO_4$ 水溶液。电势保持在 $E_{RHE}=1V$，直到形成可见但仍然透明的膜。如果没有观察到膜的形成，应使用稍高的电极电位。最后，将薄膜放电（即还原，它是在 $E_{RHE}=0V$ 下以有色的氧化形式形成的）约 $3min$。观察到颜色的变化后，将恒电位器切换到"待机"后，将膜从溶液中缓慢取出，并用高氯酸冲洗以去除黏附的单体和低聚物。在 UV-Vis 比色皿中填充支持电解质溶液，并安装计数器和参比电极。

记录不同电极电位下的紫外-可见光谱（$E_{RHE}=0V$，$0.1V$，$0.2 \sim 0.9V$）。在每一个电位步骤后，观察到一个 $2min$ 的延迟时间（为什么?），在这段时间内电流应该下降到可以忽略的值，最后设置 $E_{RHE}=1.5V$，每隔几分钟记录缓慢过氧化膜的若干个光谱值。

评价

光谱较好地绘制在三维图像中，如图5.2所示，这是聚苯胺在高氯酸中获得的实验结果。x 轴为波长，y 轴为吸收值，电极电位或过氧化时间从前到后绘制。

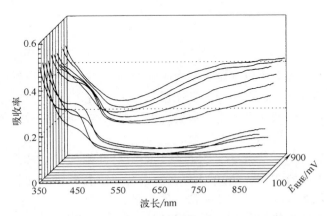

图5.2　在 $1mol \cdot L^{-1}$ $HClO_4$ 溶液中聚苯胺膜的 UV-Vis 光谱随电极电位的函数，薄膜是在 E_{RHE}= 1V 的 $0.2mol \cdot L^{-1}$ 苯胺+ $1mol \cdot L^{-1}$ $HClO_4$ 聚合溶液中沉积而成的

在低电位下获得的光谱显示了在聚合物氧化过程中由自由基阳离子（极化子）形成引起的电子跃迁到电子态的波段。在 $\lambda=600nm$ 附近的吸收值与薄膜的电子电导相关，这也可以在原位进行测量。所涉及的状态是无旋态（双极化子）。这些变化为聚合物中电荷载体的特性提供了线索。随着正电位的增多，吸收扩展到较长的波长范围（近红外［NIR］），最大吸收值移动到具有较高电位的较短波长（蓝移）。在选定波长下，吸光度作为电极电位的函数具有特别的指导意义，应该深入研究。同时，作为时间函数获得的光谱，还应讨论所观察到的变化和新的波段及其可能的起始点。这些光谱变化对深入研究相关物质提供了非常重要的信息。

参考文献

Kaner，R. B. and MacDiarmid，A. G.（1988）*Sci，Am.*，268（2），106.

Menke，K. and Roth，S.（1986）*Chem. unserer Zeit*，20（1），33.

Monk，P. M. S.，Mortimer，R. J.，and Rosseinsky，D. R.（1995）*Electrochromism：Fundamentals and Applications*，Wiley-VCH Verlag GmbH：Weinheim.

实验 5.2: 表面增强拉曼光谱

任务

记录并说明吸附在金属电极上的分子或离子的表面增强拉曼光谱（SERS）。

原理

利用原位振动光谱可以鉴定表面上吸附的物种，并研究它们与环境（溶液、电极表面）的相互作用，例如，拉曼光谱和红外光谱（EC：295）。由于拉曼光谱是基于一个固有的低光子产率的散射过程，对二维界面的研究，即使潜在散射体的数量很低，也会出现无用的情况。

对于 d-金属（铸造金属铜、银和金）的粗糙或粗糙沉积的金属表面，可以观察到较大的表面增强效应（10^6），这使得可以进行常规的吸附剂研究。通过在粗糙的 d-金属表面（金）或在待研究的金属上沉积一层薄薄的 d-金属（银），可以将这些金属作为薄的、无针孔的层沉积到其他金属上。在红外光谱中，这样的材料没有限制。由于测量大多在外部反射中进行，水（最常用的电解质溶剂）和电池窗导致红外光束的强度迅速衰减。这个技术问题比较严重，但也可以通过调制技术克服。这种情况下，获得的光谱可能是微分光谱，只显示施加的电极电位之间的电极反射率的差异，导致了现象解释的不确定性。

一个典型的 SER 谱示例如图 5.3 所示。

在 $E_{RHE}=0V$ 的电极电位范围内，$935cm^{-1}$ 高氯酸盐阴离子的对称拉伸模式 v_4 指定的带（或峰）之外，只观察到几个弱带（峰）。在电位 $E_{RHE}=-0.8V$ 时，在 $1003cm^{-1}$、$1035cm^{-1}$、$1214cm^{-1}$ 和 $1600cm^{-1}$ 附近可以观察到典型的吡啶峰，可以评估这些峰的出现（或消失）以及作为电极电位函数的强度和位置的变化，并得到有关吡啶覆盖银电极的程度和吸附物的几何形状的信息。特别有趣的是零电荷 E_{pzc} 的电极电势，在这个电势上，中性吸附物分子的覆盖率往往特别高。氮原子在吸附相互作用中起着特殊作用。支持电解质溶液中溶解的吡啶的拉曼光谱，可以起到一定的对比与印证作用。纯吡啶的光谱，由于不能揭示其与水及电解质溶液（酸）相互作用的效果，因而用处不大。

SERS 和原位红外光谱相结合功能强大，两种方法相辅相成，能得到更加深刻的结果。在红外光谱中，可以依据表面选择规则，对吸附物的几何形状做出非常明确的描述，这在 SERS 中较难实现。相反，在一些其他方面，SERS 更加灵敏。

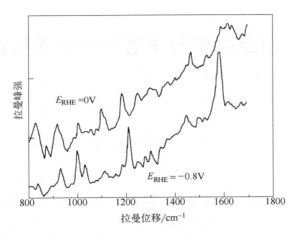

图 5.3　电化学粗糙化银电极在 $0.1mol \cdot L^{-1}HClO_4 +$ 约 $1mmol \cdot L^{-1}$

吡啶水溶液中，氮饱和，电极电位示值

其中 $\lambda_{Laser}=514.5nm$，$P_{Laser}=400mW$，分辨率 $9cm^{-1}$，谱仪 Dilor RT20

实施

化学品和仪器

激光拉曼光谱仪

光谱电化学池

稳压器

函数发生器

H-电池

氮气吹扫气

设置

对于电化学粗糙化，采用了文献中描述的方法 [R. Holze，Surf Sci.，202（1988），L612-L620]。用纯水冲洗后，将粗化电极转移到含有支持电解质溶液和待吸附物质的光谱电化学电池中，然后将电池连接到光谱仪上。

由于使用激光，涉及的安全风险特别高，故必须仔细阅读并遵守使用说明。

参考文献

Abruna，H. D.（ed.）(1991) *Electrochemical Interfaces*，Wiley-VCH Verlag GmbH，New York.

Gale，R. J.（ed.）(1988) *Spectroelectrochemistry*，Plenum Press，New York.

Holze，R.（1993）*Electroanalysis*，5，497.

Holze，R.（2009）*Surface and Interface Analysis：An Electrochemists Toolbox*，Springer，Berlin.

实验 5.3: 自组装单分子层的表面增强拉曼光谱

任务

记录并解释了金电极上吸附的 4-巯基吡啶层的表面增强拉曼光谱。

原理

自组装单层（SAMs）是分子在固-溶或固-气界面上的组装体，由于分子本身之间的特定有序相互作用以及吸附物分子与表面之间相当强的吸附相互作用而呈现出明显的有序度。典型的例子是在金电极上使用硫（例如， —SH）作为支柱分子。强的金硫键（表示为 $\Delta G_{ad} \approx -167.15\text{kJ} \cdot \text{mol}^{-1}$）提供了有效的结合，棒状吸附物中双键之间或芳香族吸附物中 π 系统之间的进一步相互作用，进一步增强了有序性。由此获得的自组装层具有良好的性能，可用于从腐蚀保护到摩擦学到分析用途的应用。4-巯基吡啶（4-MPy）就是该系列分子的一个代表。

自组装单层的结构研究是为了说明这些相互作用，采用许多光谱和表面分析方法可获得物质结构，而振动光谱就是其中的方法之一。经证实， SERS 提供了与分子-表面相互作用相关的低波数模式结果。由于方便实现，因而特别有用。

实施

化学品和仪器

激光拉曼光谱仪

光谱电化学电池

稳压器

函数发生器

H-电池

氮气吹扫气

含有 4-MPy 的 $0.1\text{mol} \cdot \text{L}^{-1}\text{H}_2\text{SO}_4$ 饱和水溶液

$0.15\text{mol} \cdot \text{L}^{-1}\text{KF}$ 的电解质水溶液

设置

使用实验 5.2 中的设置。由于使用激光具有特别高的安全风险，因此必须仔细阅读说明书。

步骤

对于电化学粗化处理，采用了文献中描述的方法与步骤［R. Holze，Surj. Sci.，202（1988），L612-L620］。将粗糙的电极干燥（例如，用一些纯乙醇冲洗，然后在空气中干燥），并浸入含有 4-MPy 的 $0.1 mol \cdot L^{-1} H_2 SO_4$ 饱和水溶液（近似浓度低于 $5 mmol \cdot L^{-1}$）中 45min，最后用水冲洗，将电极置于含有支持电解质溶液的光谱电化学电池中，然后将电池连接到光谱仪上。

评价

图 5.4 是不同电极电位下吸附在金上的 4-MPy 的 SER 光谱的典型例子。

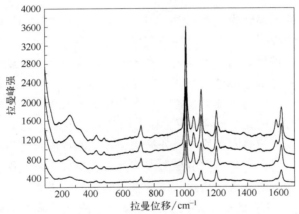

图 5.4 在 $0.15 mol \cdot L^{-1} KF$ 的溶液中， SAM 为 4-MPy 的金电极的 SER 光谱

其中 $E_{Ag/AgCl}$ = -700mV、-300mV、100mV、500mV（从下到上，

轨迹偏移 $300s^{-1}$），λ_{Laser} = 647nm，P_0 = 30mW，分辨率为 $2cm^{-1}$

参考文献

SERS 相关文献：

Abruna，H. D.（ed.）（1991）*Electrochemical Interfaces*，Wiley-VCH Verlag GmbH，New York.

Gale，R. J.（ed.）（1988）*Spectroelectrochemistry*，Plenum Press，New York.

Holze，R.（2009）*Surface and Interface Analysis：An Electrochemists Toolbox*，Springer，Berlin.

Schliicker，S.（2014）*Angew. Chem.，Int. Ed.*，53，4756.

SAM 和 SAM 的分析应用相关文献：

Finldea，H. O. (1996) *Electroanalytical Chemistry*，vol. 19 (ed. A. J. Bard)，MarcelDekker，New York，p. 109.

Finklea，H. O. (2001) *Encyclopedia of Analytical Chemistry*，vol. 11 (ed. R. A. Meyers)，John Wiley & Sons, Inc., Chichester，p. 10090.

Ulman，A. (1996) *Chem. Rev.*，96，1533.

实验 5.4：红外光谱电化学

任务

甲醇与铂的化学吸附作用形成了 CO_{ad} 物种，本实验研究了电极电位与其调制红外反射吸收光谱与电极电位的关系（作为电极电位的函数）。

原理

如前所述，原位振动光谱是检测和研究电极表面有机吸附物非常有效的方法。即使是未知的吸附剂，也可以根据其振动谱信息，利用经典分析光谱中已知的指纹区域信息，进行识别。考虑到样品一旦扩散到电池外，就可能导致实验结果错误。因此在有电解质溶液的存在下的原位应用检测，可有效避免任何可能的有害影响。本例中就应用了红外光谱。在外部反射模式下，光束穿过红外透明的电池窗口和一层薄薄的电解质溶液❶。在电极表面反射时，光的电场矢量（更精确地说是 p 偏振光）与吸附物质的红外振动模式之间可能会发生相互作用，携带这些额外信息的反射光束被再次引导通过溶液层和窗口，到达探测器。在经典的红外光谱中，需要两个光谱来获得只包含所需信息的结果。在目前的实验中，主要通过指定为 E_r 和 E_m 的两个不同电极电位记录两个所谓的单束光谱（实际上记录的是反射光和波数）。这些电位取值主要是基于以前的电化学研究（例如，循环伏安法），要注意它们在吸附剂性质、覆盖度等方面应该对应明显不同的电极状态。更多内容可参见文献。

实施

化学品和仪器

1mol·L^{-1} $HClO_4$ 溶液

---

❶　在评估得到的光谱时，必须牢记薄层电化学众所周知的问题。

甲醇

傅里叶变换红外光谱仪（FTIR）

带电极的光谱电化学电池

与光谱仪接口的恒电位器

氮气吹扫气

设置

根据之前循环伏安法测定的电极电位或监视器建议的电极电位记录电位调制差分红外光谱。

将它们设置为 E_r 值是最合适的，在 E_r 值中只吸附甲醇，E_m 值中吸附物在结合过程中表现出相当大的变化。

评价

一个典型的例子如图 5.5 所示。得到的光谱讨论了吸附剂的特性和电极电位对吸附剂的影响。所选显示模式与标准传输模式显示相同，正（向上）指向的波段表示 E_r 处的红外吸收较高，负（向下）指向的波段表示 E_m 处的红外吸收较高。波段的差异形状是由于它的位置在两个电极电位之间发生了轻微的偏移，而在显示示例中覆盖范围的变化很小。在更正的电极电位下，吸收带转移到更高的波数，表明内部 CO 键的变化。对这种化学吸附的理解在燃料电池和传感器的研究中具有重要的基础意义。

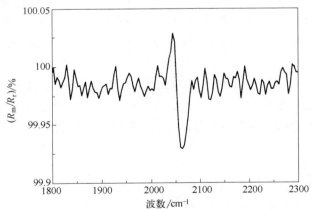

图 5.5　甲醇在铂电极上形成 CO_{ad} 的 SNIFTIR❶ 光谱

$1mol \cdot L^{-1} HClO_4 = 1mol \cdot L^{-1}$ 甲醇水溶液，$E_{r,RHE}=0.05V$，

$E_{m,RHE}=0.45V$，BioRad FTS 40 光谱仪

---

❶　SNIFTIR（S）是指减法归一化傅里叶变换红外界面反射光谱。

参考文献

Holze，R.（2009）*Surface and Interface Analysis：An Electrochemists Toolbox*，Springer Verlag，Berlin.

Spectroelectrochemistry，（R. J. Gale，ed.），Plenum Press，New York 1988.

Electrochemical Interfaces（H. D. Abruna，ed.），VCH，New York 1991.

Holze，R. and Vielstich，W. *Electrochim. Acta*，33（1988）1629.

实验 5.5：电致变色

任务

观察普鲁士蓝（Prussian blue）的电致变色变化，本实验展示了一个简单案例，并进行了讨论。

原理

电化学引起的物质颜色的变化（电致变色）是物质基础研究中一个有趣的问题，它们也具有相当大的应用潜力，目前已用聚苯胺研究了实例（参见实验 5.1）。普鲁士蓝❶ $KFe[Fe(CN)_6]$ 是一种电荷转移络合物，易由 Fe（Ⅲ）离子与六氰基铁酸盐离子反应制备：

$$K^+ + Fe^{3+} + Fe(CN)_6^{4-} \longrightarrow KFe[Fe(CN)_6] \tag{5.1}$$

其呈强烈的蓝色。它可以发生电化学还原，产生一种称为柏林（Berlin）白的白色产物。

$$K^+ + e^- + KFe[Fe(CN)_6] \longrightarrow K_2Fe[Fe(CN)_6] \tag{5.2}$$

这个过程可以被逆转，也就是说，化合物可以在蓝色和白色之间进行电化学转换。这种电致变色作用表明其可作为显示器中的活性材料。

实施
化学品和仪器

0.1mol·L^{-1}Fe（NO$_3$）$_3$ 溶液

0.1mol·L^{-1}K$_3$Fe[Fe（CN）$_6$] 溶液

---

❶ 这种材料对光稳定，用作蓝色颜料，其他名称有特恩布尔蓝、中国蓝、巴黎蓝、米洛里蓝、调色蓝等。

$0.1 \text{mol} \cdot \text{L}^{-1} \text{KNO}_3$ 溶液

不锈钢板 40mm × 50mm，厚约 0.5mm❶

不锈钢丝（反电极）

培养皿

精密砂纸

电压源

设置

把一根铜线连接在钢板上。相关操作比较简单，比如，可在钢板的一角钻孔并切割出螺纹，然后用螺丝连接电线。为避免局部腐蚀，钢板用细砂纸打磨。并在连接处涂上热熔胶或环氧树脂，进行保护。

用各 2mL 铁盐溶液制备油墨，因其呈棕黄色，故又称柏林黄。滴几滴到刚进行抛光的钢板上（如果需要，可以画字母、符号等进行标记），油墨滴与钢板接触进一步暴露于钢板表面后，会形成一层普鲁士蓝，在沉积液体的底部可见蓝色。约 3min 后，取走液体，用蒸馏水冲洗平板，把它放置在培养皿中，由不锈钢丝形成的环被放置在培养皿底部（靠近培养皿边缘）作为第二个电极。

步骤

电压源连接在两块钢板上，最初涂层是蓝色的，钢板与负极相连，导线与正极相连。电压从 0 增加到约 $U=1.4\text{V}$，应避免更高的电压，因为它们可能导致电致变色材料的破坏。当材料改变颜色时，极性被逆转，蓝色重新出现。

评价

在新鲜抛光的钢表面（铬氧化物保护层的痕迹刚刚被去除），根据下式，铁原子与普鲁士黄反应转化为普鲁士蓝：

$$2K^+ + Fe + 2Fe\left[Fe\left(CN\right)_6\right] \longrightarrow Fe^{2+} + 2KFe\left[Fe\left(CN\right)_6\right] \tag{5.3}$$

在第一个电化学步骤中，普鲁士蓝被还原在阴极极化的钢板上：

$$K^+ + e^- + KFe\left[Fe\left(CN\right)_6\right] \longrightarrow K_2Fe\left[Fe\left(CN\right)_6\right] \tag{5.4}$$

反应产物几乎不可见。在钢丝（阳极）处，水被分解，产生氧气和氢氧根离子，氧气的量太少，可忽略。极性后，反向再氧化过程如下：

$$K_2Fe\left[Fe\left(CN\right)_6\right] \longrightarrow K^+ + e^- + KFe\left[Fe\left(CN\right)_6\right] \tag{5.5}$$

穆斯堡尔（Mossbauer）光谱表明，只有铁离子没有与氰化物离子配位改变其氧化状态 [K. Itaya, T. Ataka, S. Toshima, and T. Shinohara,

---

❶ 测量是近似的，它们可以根据可用的材料有很大的变化。

J. Phys. Chem. 86（1982），2415］。在导线电极上，氢是由水分解而产生的。

参考文献

Monk，P. M. S.，Mortimer，R. J.，and Rosseinsky，D. R.（1995）*Electrochromism：Fundamentals and Applications*，Wiley-VCH Verlag GmbH，Weinheim.

Nishan，M.，Freienberg，J.，and Wittstock，G.（2007）*Chemkon*，14，189.

实验 5. 6：本征导电聚苯胺超级电容器电极材料的充放电拉曼光谱监测

任务

将本征导电聚苯胺薄膜的拉曼光谱记录为电极电位（即电荷状态）的函数，该函数与电化学电荷存储的结构变化有关。

原理

超级电容器，除了双电层效应外，还有赝电容储能机制，是一种有效的能量储存手段，并且储能时可以采用各种电化学（氧化还原）活性材料。其电极材料除了可以是多种金属氧化物（参见实验 5. 4）外，还可以是本征导电聚合物（ICPs），如聚苯胺、聚噻吩、聚吡咯和许多化学相关的聚合物。在这些 ICPs 材料中，电荷的储存是通过氧化还原转换实现的。在前文实验 3. 20 中已经讨论过。上述氧化还原变化与材料的结构变化、苯甲酸类转化为醌类的可逆变化相关，而这些变化反过来引起振动谱的显著变化。由于大多数 ICPs 材料具有较强的着色性，可通过有效共振增强的拉曼光谱来监测这些变化，验证电解质溶液组成、老化、过度氧化等的影响。

实施

化学品和仪器

激光拉曼光谱仪

具有金加工电极和反电极、参考电极的光谱电化学电池（参见实验 5. 2）

稳压器

H-电池

$1mol \cdot L^{-1} HClO_4$ 的电解质水溶液

氮气吹扫气

设置

由于使用激光，所涉及的安全风险特别高，故必须仔细阅读使用说明书。

步骤

正如实验 5.1 中 ITO 电极和实验 3.20 中 PANI 膜的循环伏安法所述，在金工作电极上沉积一层 PANI 膜。电聚合在电极电位下限停止。用纯净水冲洗去除苯胺单体后，将涂有膜的电极转移到只含有支持电解质溶液的光谱电化学电池中，然后将电池连接到光谱仪上。在各种电极电位下记录拉曼光谱，包括从中性状态到完全氧化状态，再回到初始状态。

评价

图 5.6 中显示了一组典型的光谱。

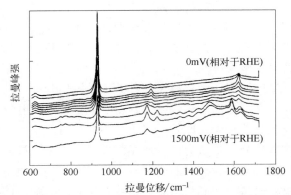

图 5.6　聚苯胺膜与 1mol · L^{-1}HClO$_4$ 水溶液接触的表面共振拉曼光谱

电极电位表明，932cm^{-1} 附近的带是由高氯酸盐离子引起的

基于文献的解释和谱带分析，产生了与电荷状态、掺杂程度等相关的分子水平的结构变化。

参考文献

Holze，R. and Wu，Y. (2014) *Electrochim. Acta*，122，93.

Holze，R. (2001) Spectroelectrochemistry of intrinsically conducting polymers of aniline and substituted anilines，in *Handbook of Advanced Electronic and Photonic Materials*，vol. 2（ed. H. S. Nalwa），Academic Press，Singapore，p. 171.

Holze，R. (2000) Spectroelectrochemistry of conducting polymers，in *Handbook of Electronic and Photonic Materials and Devices*，vol. 8（ed. H. S. Nalwa），Academic Press，San Diego，p. 209.

Holze，R. (2009) *Surface and Interface Analysis：An Electrochemists Toolbox*，Springer，Berlin.

6　电化学能量转化与储存

　　电化学能量储存和转换系统的重要性，怎么评价都不为过。不同类型和尺寸的一次电池在移动应用、助听器、玩具、起搏器、音乐播放器和闪光灯中无处不在，这个应用场景似乎是无穷无尽的。二次充电系统则普遍应用于手机、笔记本电脑、测量仪器和其他移动应用中。大型系统用于电动汽车、不间断电源供应和应急备份系统。未来的应用还会在数量和种类上持续增长。与此形成鲜明对比的是，除了简单地复制制造商的数据表之外，用于演示研究和开发中所进行的典型测量的实验室设备数量非常少。此外，对于许多想进行的实验，需要从实际电池中提取成分，而这些成分很难获得，从而无法进行。另外，许多想开展的实验还涉及耗时问题与打扰其他实验计划的问题。例如，完全的充放电循环是非常耗时的。由于占用了检测设备，可能与该实验室其它实验计划的时间表要求有明显的冲突。就此，下面的实验提出了一些建议。

Experimental Electrochemistry

实验 6.1：铅酸蓄电池[1]

任务

（1）测量铅酸蓄电池的充放电效率。

（2）绘制铅电极和二氧化铅电极的电流-电压曲线。

原理

对于电极上的电化学反应，测量实际电子传递步骤与参数（交换电流密度 j_o 和对称因子 α）是电化学的核心任务。此外，在电荷转移限制电流的条件下，从记录电流-电位曲线的准平稳实验（见实验 3.14）和非平稳实验的结果中，计算这些参数是一种有价值且经常使用的方法。使用 Tafel 图的简化评估可直接确定这两个参数。在预期没有质量传输限制的非常小的电流密度下，满足了对近似适用性的实验要求。其他可能的障碍（如过电压），则必须通过准确定义的实验条件来进行排除。使用高比表面积的电极时，可以很容易地获得小电流密度，即：使用真（内）表面积和表观表面积的比值很大的多孔电极。基于真表面积才可以进行近似评估。

在这里描述的实验中，多孔电极被用于汽车电池。多孔二氧化铅和海绵态铅电极都是高度多孔的。使用浓硫酸，可消除所有其他可能的过电压。除了获得电流-电位曲线外，也很容易进一步获得研究数据。铅酸蓄电池的过程示意图示于图 6.1 中（见 EC：441）。

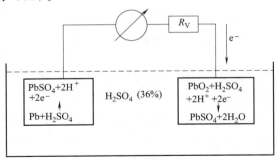

图 6.1　铅酸蓄电池放电过程的图示

---

❶　铅酸电池用作启动内燃机的电源是一个二次系统，因此是一个蓄电池，但除了技术专家外，很少以这种方式提及它。这种混淆普遍存在，直到术语"二次电池"出现。

实施

化学品和仪器

铅电极❶
二氧化铅电极
硫酸电池级水溶液［36%（质量分数），密度 $1.25g \cdot cm^{-3}$］
氢参比电极
电池
三个万用表
电力供应
分流电阻
X-t 记录仪

设置

这里使用的演示电池是一个矩形玻璃容器，在相对的壁面上有垂直的凹槽。将（3×5）cm^2 大小的电极轻轻地推入这些凹槽中。通过夹紧两个电极中的栅极，实现良好的电接触。电气设置如图 6.2 所示。

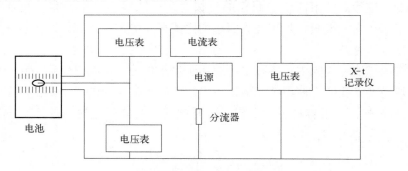

图 6.2　测量装置的接线图

两个电极都是干式预充电型的。也就是说，加入硫酸，且让硫酸完全浸透多孔电极后，电池就可以充电了。这个过程大概需要几个小时。采用充满电池酸液的氢电极作为参比电极。如果需要用氢充电，可以将电源的负极临时连接到氢电极，并将其正极连接到二氧化铅电极。如第 1 章所述，电极的一半体积应该充满氢气。电极在电池中的排列如图 6.3 所示。

---

❶　两个电极可以仔细地从各自的板干燥，预充的铅酸蓄电池在汽车修理店销售。由于铅含量高，需要小心处理。

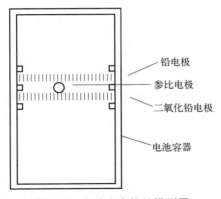

图 6.3 电池内电极的排列图

铅电极
参比电极
二氧化铅电极
电池容器

步骤

电源作为恒流源，先设定约 20V 的电压，并将分流电阻设定为中等值。连接到电池后，在电源处调整电流到所需值。对于放电过程而言，连接器是倒置的。

为了保证最初的完全充电，要一直充电到气体开始生成为止。

此时连接器倒置，电池以电流 $0.3A < I < 0.5A$❶ 放电到 1.7V 的低电压限制或直到放电曲线下降。这个过程可能会持续 $0.1 \sim 1h$。随后，再次进行充电，直到气体开始生成。如果充电所需的时间短于之前的放电时间，则说明没有永动机存在。相反，电极极有可能损失了部分活性物质。在这种情况下，需要重复这个循环。在实验的第二部分，电极需要重新充电。

评价

计算的充放电效率（法拉第效率）η_{Ah} 为：

$$\eta_{Ah} = \frac{放电电流 \times 放电时间}{充电电流 \times 充电时间} \tag{6.1}$$

发电量（热能效率）η_{Wh} 的计算公式为：

$$\eta_{Wh} = \frac{\int_{t=0}^{放电} IU(t)\,dt}{\int_{t=0}^{充电} IU(t)\,dt} \tag{6.2}$$

积分可以通过确定各自曲线下的面积得到（例如，通过切割和称重记录纸）。

---

❶ 实际值应根据电极的性质进行设置。对于小电极或已经使用过的电极，建议较低的值，对于新电极或大电极，建议使用较高的电极。

测量完静止电位（$\eta = 0V$）后，为了获得电流-电位曲线（设置见图 6.2），电流随着充电电源的连接逐级增加 50mA，直到达到约 500mA 的电流。电位稳定后（约 1min）读取读数。极性倒转后，重复上述步骤以获得剩余值。电势测量用两台万用表作为电压表。

图 6.4 显示了一个电池电压随外加电流变化的典型例子。图 6.5 为两电极的电流-电位曲线。根据图 6.6 中的数据，可以构造图 6.5 所示的图。这可以作为一种控制结果一致性的方法。

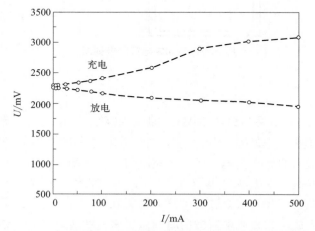

图 6.4 充电和放电过程中获得的电池电压与施加电流的关系图

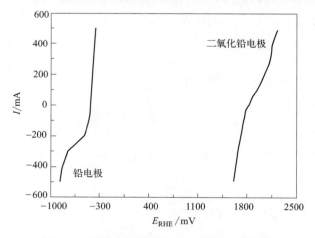

图 6.5 铅酸蓄电池中电极的电流-电位曲线

图 6.6 是充放电曲线，从这些曲线可以计算发电效率。由于施加的是恒定电流，因此计算 η_{Ah} 很简单。当电流 $I = 0.5A$ 时，$\eta_{Ah} = 0.71$。由于应用了较高的电流 $\eta_{Ah} = 0.49$，所以发电量较少。

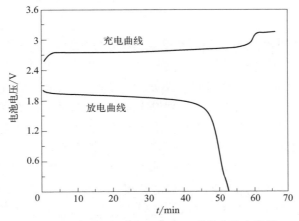

图 6.6 铅酸蓄电池在 $I=0.5A$ 时的充放电曲线

欲分析所得电流-电位曲线，需要对实际的、真实的表面积和明确的电极过程有准确的了解。在本例中，在放电过程中，二氧化铅肯定会在二氧化铅电极上进行还原，而铅氧化则是在铅电极上的阳极过程。在充电过程中，在铅电极上氢气的析出和在二氧化铅电极上氧气的析出，可能与所需的充电反应相竞争。因此，不建议对这些结果进行进一步的分析，建议进行实验 3.14。

参考文献

Berndt，D. （2014）*Ullman's Encyclopedia of Industrial Chemistry*，vol. 5，Wiley-VCH Verlag GmbH，Weinheim，p. 1.

Bode，H. （1977）*LeadAcid Batteries*，Wiley Interscience，New York.

Trueb，L. F. and Riletschi，P. （1998）*Batterien und Akkumulatoren*，Springer，Berlin.

问题

（1）铅酸蓄电池自放电的原因是什么？

（2）使用气体时发生了什么？

（3）什么是磺化？

实验 6.2：镍镉蓄电池的放电行为

任务

使用商用镍镉蓄电池，记录不同电流下的放电曲线。❶

---

❶ 当电池在远低于 0℃ 的温度下工作时，特别是在高放电电流条件下，可能会出现非常有趣的温度效应。

原理

　　二次电池（蓄电池）的电池容量受到其中所含活性物质总量的限制。根据电池结构和操作条件的不同，实际可以回收的电量（即能量）可能会有很大差异，可输送的电池功率也是这样。考虑到电极动力学的基本原理和电解质溶液与电导体的性质，文中会有一些通用性的技术原理说明。在低温条件下，电池容量下降。温度降低，电解液离子电导率降低，电池内阻变大，进而导致电池电压下降。这种情况（电池电压下降）在电流增大时，更为明显。因此，最终放电电压极限会提前达到。这正是在寒冷的冬季早晨，内燃机不易发动的最常见原因。同时，较高的放电电流也导致了更低的输送能量值。在电流较高时，相应升高的电极和欧姆过电位会降低电池电压，并且使放电时间缩短。此外，活性物质可能无法完全转化。其主要原因是反应产物（硫酸铅）沉积在不利位置（例如，闭孔），反应物（硫酸）出现局部耗尽。拉贡（Ragone）图（EC：461）中对这种关系进行了说明。

　　有两种方式可以实现蓄电池有效容量的实验测定。实现恒电流条件放电要求更精细的实验装置（电流接收器），但是，将调节得当的电流乘以时间，就能很容易地得到结果。在实验上，第二种方法　［通过恒定（分流）电阻放电］　更为简单。随着电池电压降低，流动电流也相应降低，因此放电容量的确定变得更加复杂。在这两种情况下，监测电池电压都是必要流程。这一步骤可以避免深度放电，甚至电池电压逆转，这两种情况可能导致电池损坏或爆炸。深入探究操作温度对放电容量的影响则显得更为复杂。精确的温度控制，需要一个足够有效的低温恒温器。特别是在高放电电流条件下，由焦耳热引起的电池内导体的自热，可能会成为相当可观的热源，从而造成温度变化与危险。

实施

化学品和仪器

　　AAA 级可充电镍镉蓄电池（微电池）
　　可调电流源
　　分流电阻（10Ω）
　　电池电压控制电路
　　X-t 记录仪

设置

　　根据制造商的建议，在大多数情况下，对新充电的电池以相当于标称电池容量的 1/10 的电流充电 14h。新充电的电池通过分流电阻（这有助于避免损坏电流源）和监测电路连接至电源，X-t 记录仪连接到电池终端。

步骤

当向电池施加放电电流直到达到预设的电池电压时，开始记录电池电压与时间的关系。

评价

图 6.7 显示了一组制造商定为 AAA 规格，标称容量为 250mA·h 的镍镉蓄电池的典型放电曲线。在 $I=100$mA 时，容量为 143mA·h，在 $I=75$mA 时，容量为 154mA·h，在 $I=50$mA 时，容量为 170mA·h。

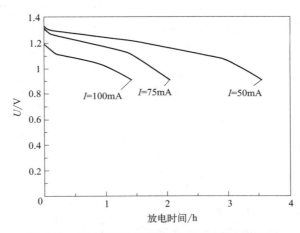

图 6.7　镍镉蓄电池不同放电电流下的放电曲线

问题

观察结果是否可用热力学解释？

实验 6.3：燃料电池的性能数据

任务

在典型工况下，测量氢-氧燃料电池的电流-电压数据。

原理

燃料电池是电化学能量转换器。燃料（例如氢气）在内部与氧化剂（例如氧气）反应，将化学能转化为电能（和热）。与一次电池和二次电池不同，燃料电池并不储存活性物质。燃料电池仅包含电化学反应所需的电极、电解质（或固定在某些合适材料中的电解质溶液）和操作所需的其他组件。

正如已经讨论过的铅酸蓄电池，其应用要求具有较大表面积的多孔电极。这些材料可以是烧结金属粉末、雷尼（Raney）金属或聚合物混合活性炭。此外，在许多情况下，更多的催化剂沉积在多孔材料上，以加速所需的电极反应。当使用的是气体而不是两相结合物（固体/液体；具有液体反应物和固体电极的电解质溶液作为反应物）时，就形成了三相界面（固/液/气）。因此，在操作过程中，必须时刻保持该界面。这就对材料的一些特殊性质提出要求，例如，要具有不同的孔隙率或疏水性。

燃料电池的示意图如图6.8所示。

电池反应为：

$$2H_2 \text{（g）} + O_2 \text{（g）} \longrightarrow 2H_2O \text{（l）}$$

$$(6.3)$$

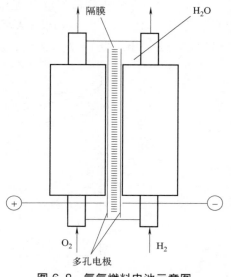

图6.8　氢氧燃料电池示意图
（简化横截面）

氢扩散到多孔阳极中，溶解在覆盖催化剂表面的电解质薄膜中，并扩散到发生氧化的活性位点。由于氢在水中溶解度低和扩散系数小，故最后的扩散步骤受限较大。通过较薄的电解质膜层和较大的实际活性表面积，以保持实际的细微电流密度，可以最大程度减轻这种扩散受限状态。氧化产生的质子在电解质中移动。另一方面，质子与氧气还原的产物反应，这与氢气氧化的方式相同。为避免水的稀释（不期望出现），必须将反应生成的水从电池中及时移除。在大量文献中，已经开发并描述了具有不同电解质、工作温度、电池结构等多种类型的燃料电池结构。除将液体电解质溶液保持在适当位置的隔膜外（如图6.8所示），目前业界已经提出了基于离子交换膜的固体聚合物电解质。这导致电池结构显著简化，此外，使用超薄电解质膜（＜0.5mm）时，电池内阻非常小，从而可以显著增加功率密度，而不会因欧姆电压而产生额外损耗。

实施

化学品和仪器

氢气

氧气

固体聚合物电解质燃料电池

电压表

电流表

设置

根据制造商的建议，将燃料电池连接到氢气源。为了获得实时电池电压数据，将电压表连接到电池上。电流用安培计测量，并用分流电阻器作为负载进行调整。相反，可以使用与电流源组合的分流器，这大大简化了电流调节过程。使用纯氧气代替空气时，可能需要在阴极处提供特殊气体（如纯氧）。

步骤

从低电流开始，获得当前电池电压数据。调整所需负载（电流），等数据稳定到固定值。大多数情况下，该过程需要几分钟。必须遵守制造商关于操作条件的建议，特别是最大电流和温度。必须小心避免极性反转，其可能导致电池破坏。

评价

使用商用电池获得的一组典型结果（活性电极面积：$12cm^2$）如图 6.9 所示。

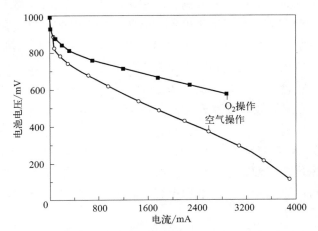

图 6.9　商用固体聚合物电解质氢氧燃料电池的实时电池电压数据

零电流下的电池电压（U_0）独立于原料气。如预期的那样，实验得到了由热力学数据计算的电压值 $U_0 = 1.229V$。在负载条件下，添加氧气的电池性能优越。该实验条件避免了扩散障碍的形成（氧气不需要通过惰性气体层扩散，在运行一段时间后，惰性气体的富集还会对这种情况造成损害）。

参考文献

Kordesch，K. and Simader，G. （1996）*Fuel Cells and Their Applications*，Wiley-VCH Verlag GmbH Veinheim.

实验 6.4：超级电容器充电

任务

记录超级电容器恒流充电的电压-时间曲线。

原理

电能具有瞬时性特征，故一般很难被直接存储。电容器和线圈一般是以高昂的经济成本为代价，储存极少量电能。从商业角度考虑，其尺寸和操作模式几乎不太实用（详情请参见 Y. Wu and R. Holze，*Electrochemical Energy Storage and Conversion*，Wiley-VCH Verlag GmbH，2019）。相比而言，化学储存手段可以将化学能与电能循环转换，因而在日常生活中具有极其重要的意义。但由于界面反应和相关的过电位的固有限制，当车辆制动时，无法使用大多数可充电电池及时转换或存储在高电流下产生电能。因此，二次电池不仅具有显著的能量存储能力，还可以提供电力。但是相应的电容器无法匹配接收这种电力。这是因为，该装置（电容器）仅通过分离电荷来存储电能。由于不涉及界面反应，所以还有可能减慢了电流输入。在拉贡（Ragone）图（EC：461）中得到了很好的说明，该图显示了能量密度与功率密度的关系（图 6.10）。比较遗憾的是，这些设备的能量密度确实有限。

采用 Al_2O_3 或 Ta_2O_5 作为电介质的传统电解电容器，在最低能量密度时显示出最高功率密度，而锂离子电池仅在中等功率密度下显示出最高能量密度。增加电容器中电极的表面积，进而增加电容，其关系由下式给出：

$$C = \frac{\varepsilon_r \varepsilon_0}{d} A \tag{6.4}$$

式中，ε_r 是相对电解质介电常数；ε_0 是真空的介电常数；d 是板间距；A 是板表面积。电荷之间的距离越短——此处仅指电解质相中的离子和电极中的

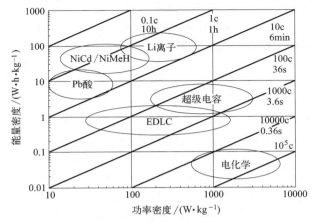

图 6.10 选定电化学储能系统的拉贡（Ragone）图

电子之间的距离——益处越大。这是超级电容器的基本概念之一❶。在电极表面或材料的最表层利用赝电容效应，可以进一步增加电容值 ［详情请参见 *Elect-rochemical Supercapacitors for Energy Storage and Delivery-Fundamentals and Applications*（eds A. Yu，V. Chabot，and J. Zhang），CRC Press，Boca Raton，2013］。目前，各种尺寸和存储容量的超级电容器被用于为计算机和手持式电钻中的存储设备供电，驱动电力总线和电车，并稳定本地电网。大多数超级电容器仍然采用双电层充电原理（EDLC）。

任何设计得到的超级电容器都不是理想化的，而是与理想有一些偏差的真实装置。最重要的差别是自放电、泄漏和欧姆损耗。在理想情况下，分布在两个极板之间的所有电荷都应该一直留在界面上。实际上，由于两个极板和相关接线之间的绝缘并不完美，会存在细微电流，从而使电容器逐渐放电。此外，由装置内部的化学反应或由电极处最初累积的离子扩散到电解液主体中所引起的自放电，都可能导致电量损失。当对电容器充电（以及放电）时，所有电流传

---

❶ 术语超级电容器似乎缺乏适当且能被普遍接受的定义。假定超级电容器的定义是基于电化学双层电容特性而非介电材料（如 Al_2O_3 或 Ta_2O_5）的高电容特性，已足够精准。基于后一特性定义的术语暂时由 NEC 公司注册（从 1978 年 8 月起），目前该保护显然已到期。超级电容器英文首字母缩写 SC，难以快速识别。最近，这种基于双层静电存储机制的装置通常被称为 EDLC（电化学双层电容器）。因此，将基于静电电荷分离（如 EDLC）和法拉第氧化还原过程（赝电容）的电荷存储装置称为超级电容器似乎是合理的。上述两种全然不同的电荷存储机制的结合，促使了混合型电容的出现，而这进一步加剧了超级电容定义的混乱。在本报告中，超级电容器就是指混合型电容。本文中（原文）未使用"ultracapacitor"一词。B. Conway 在 1991 年创造了"supercapacitor"一词的说法显然是错误的。代表超级电容的丰富术语（APowerCap、BestCap、BoostCap、CAP-XX、DLCAP、EneCapTen、EVerCAP、DynaCap、Faradcap、GreenCap、Goldcap、HY-CAP、Kapton capacitor、super capacitor、SuperCap、PAS capacitor、Power-Stor、PseudoCap 等，部分可能受商标保护）实际上并没有价值。

输部件的有限电导都会导致进一步的偏差，这些电阻的贡献被集中到电容器的串联电阻 R_{ESR} 中。如果把代表电流泄漏的电阻 R_{leak} 包括在内，最初非常简单的电容器等效电路就会变得很复杂（图 6.11）。

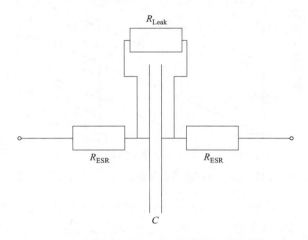

图 6.11　理想电容器和实际电容器的等效电路

对于 R_{leak} 无限大，　ESR＝$0\,\Omega$ 的理想电容器，在恒定电流 $I_{充}$ 充电期间，电容值为 C 的电容器的电压 U，作为时间 t 的函数，由下式给出：

$$U = I_{充} \frac{t}{C} \tag{6.5}$$

实际上，可以观察到偏差。本实验将对此进行研究。

实施
化学品和仪器

　　各种容量的超级电容器
　　可调电流源
　　充电电路
　　数据记录器

设置

为了简化操作（也适用于实验 6.5），可以使用连接电流源、电容器和数据记录器的电路，如图 6.12 所示。

插入齐纳（Zener）二极管或等效元件，以保护电容器免受过高电压的影响。必须根据电容器的最大工作电压选择其类型和参数值。由于这些二极管也存在一定的漏电现象，因此可能会使获得的结果出现偏差。

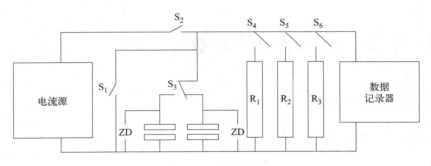

图 6.12　充放电装置电路图

步骤

在电流源处调节充电电流。其值应根据使用开关 S_3 选择的电池的电容和合理的实验时间在分钟范围内选择。通过在数据记录器上启动数据记录、闭合开关 S_2 和断开开关 S_1 开始充电。当达到低于最大电压的安全电压时，充电停止。

评价

图 6.13 显示了在不同电容器和不同充电电流下获得的一组典型充电曲线。为了便于比较，预期的电压依赖性被包括在内。

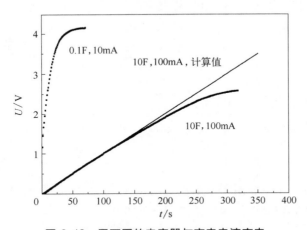

图 6.13　用不同的电容器与充电电流充电

问题

（1）测得的充电曲线是否符合预期？

（2）尝试解释偏差。

实验 6.5：超级电容器放电

任务

记录了超级电容器在恒定负载下放电的电压-时间曲线。

原理

存储容量、损耗和放电能力，特别是可用电流，是超级电容器的定义参数（更多详细信息，请参见实验 6.4）。在实验室实验中测量这些数据来揭示其特性，但有些特性——如长期损耗——并不容易获得。

在放电实验中，可以施加恒定负载（这是迄今为止最常用的应用）或恒定电流。实际上，操作是两种模式的混合。在确定特性参数的实验中，可以选择在这些方案中的一种方案执行理想化操作，为了简单起见，这里选择恒定负载，从而选择变化的、减小的电流。

再次假设无泄漏电流（R_{leak} 无限大）和 $ESR = 0\,\Omega$，电容器处的电压 U 由下式给出：

$$U = U_0 e^{-[t/(RC)]} \tag{6.6}$$

式中，U_0 为初始电压；R 为负载电阻。

实施

化学品和仪器

各种容量的超级电容器

放电电路（见实验 6.4）

数据记录器

设置

为了简化操作（也适用于之前的实验 6.4：超级电容器充电），可以使用连接电流源、电容器和数据记录器的电路（图 6.14）。

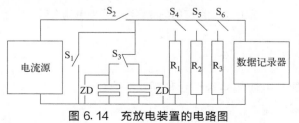

图 6.14　充放电装置的电路图

步骤

电容器由开关 S_3 控制，通过闭合开关 S_2 和断开开关 S_1 进行充电。当达到最终电压 U_0 时，开关 S_2 断开。通过在数据记录器上启动数据记录、关闭 S_4 ~ S_6 其中一个开关，选择所需负载电阻器开始放电过程。当最终电压逐步降低至无法观察到时，放电停止。

评价

图 6.15 显示了不同电容器在不同负载下获得的一组典型放电曲线。

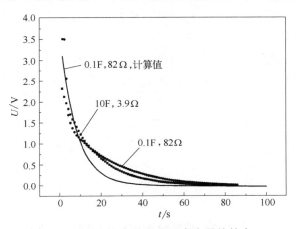

图 6.15　不同负载下不同电容器的放电

问题

（1）测得的流量曲线是否符合预期？
（2）尝试解释偏差。

实验 6.6：锌-空气电池

任务

锌-空气电池的组装、表征和测试。

原理

在所有一次电池中，以氧作为正极的"活性物质"通常不列入计算，利用空气中的氧气还原作为阴极反应的电池显示出最高的能量密度。此外，理论电极电势是有利的。然而，现实情况中并不符合上述预期，操作条件下的实际电极电位大多比理论电极电位低。这是因为分子氧的还原动力学缓慢，产生过氧化物的机制定义不明确，产生了混合电极电位。此外，当直接使用来自大气中的分子氧时，由此出现的技术问题（前述的分子氧问题）会使实际器件性能衰减。比如，以其中一种因素举例，二氧化碳会溶解在电解质溶液中。如果使用碱性电解质溶液，则会产生碳酸盐沉淀。当讨论充电系统时，情况则更加恶化。

尽管如此，还是有一些商业上成功的案例。由于空气中的二氧化碳会与碱性电解液反应，产生沉淀使多孔电极堵塞或稀释电解液，因此，只要能够去除这个沉淀层，就可以连续使用金属-空气电池。锌-空气电池就是其中之一，它经常用在助听器和临时交通灯等设备中。用金属锌片或压片作为阳极（负极材料），耗氧多孔气体扩散电极为阴极，浸泡在多孔分离器中的碱性电解质溶液提供离子导电连接。

实施
化学品和仪器

一个锌片

一块多孔炭，石墨（例如，废碳锌电池的石墨棒），木炭

$6mol \cdot L^{-1} KOH$ 的电解质水溶液

小型直流电机

设置

将锌片放置在已经含有碱性电解质溶液的烧杯中，使氧电极靠近锌片，但避免电接触和随后的短路。

步骤

测得电池电压约为 1.5V。如果有条件，可以连接一个小型电动机作为演示器。

评价

记录的电池电压与热力学期望值有偏差。在负载下，电压迅速下降，直至崩溃。

参考文献

Arai，H. and Hayashi，M.（2009）*Encyclopedia of Electrochemical Power Sources*，vol. 4（eds J. Garche，C. K. Dyer，P. T. Moseley，Z. Ogumi，D. A. J. Rand，and B. Scrosati），Elsevier，Amsterdam，p. 55.

Wu，Y. and Holze，R.（2019）*Electrochemical energy conversion and storage*，VCH-Wiley Verlag GmbH，Weinheim.

问题

（1）为什么电池电压会在负载下下降和崩溃？

（2）为什么电极冲洗、干燥并重新插入时，可以恢复？

实验 6.7：锂离子电池

任务

对模型锂离子电池进行组装、表征和测试。

原理

以锂为活性材料的一次电池和二次电池属于高能量密度和中等高功率密度的系统。这些优越的特征是由其热力学性质（锂是电化学序列表中最活泼的元素，具有最负电极电位）、在所有可能使用的物质中原子量和分子量都很低以及快速的电极反应动力学决定的。在一次电池中，金属锂被用作负极材料（阳极）。但是，在没有显著的副反应和相关电池损耗的二次电池系统中，锂很难形成平滑的沉积面，因此有必要为锂原子提供空间的载体材料，用作负电极。其中，石墨载体尤为普遍。许多金属氧化物或其他化合物，则往往用作正极材料。在这种电池中，只有锂离子在正负电极之间来回移动，因此这种电池被称为锂离子电池。由于锂的活性很高，电池组装必须在一个没有水分、氧气、氮气等严格控制的气氛中进行。因此，对于一个简单的实验室实验来说，锂离子电池似乎不是一个理想的实验对象。石墨的特性，有助于它作为氧化还原两性关系来使用。当用作负极时，它可以嵌入（插入到它的层状结构中）阳离子，从而将负电荷组装在石墨层中。当用作正极时，它可以嵌入阴离子。因此，一个简单的锂离子电池可以由两根石墨棒和一种含有合适的阳离子和阴离子的电解质溶液组成。其中对于电解质溶液，阴、阳离子应当溶解在电化学稳定的溶剂中。即当嵌入离子时，它不会与带电电极反应。充放电过程示意图如图 6.16 所示。

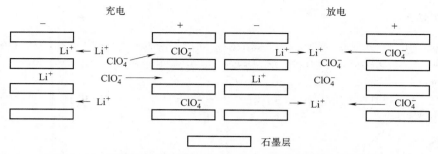

图 6.16　电极为氧化还原石墨的锂离子电池充放电过程示意图

实施

化学品和仪器

两根硬度最高的铅笔芯

碳酸丙烯（标准质量）

高氯酸锂

直流电源（输出电压 5V 或更高，用过的手机充电器已足够）

毫安表

短试管

合适的橡胶塞

设置

用火焰加热铅笔芯以去除黏结剂，黏结剂大部分是蜡状材料（注意它的掉落）。橡胶塞上钻了两个铅笔芯孔。用碳酸丙烯酯和高氯酸锂，制备了浓度大约 $1 mol \cdot L^{-1}$ 的电解质溶液（每 100mL 溶剂 10g 盐）。将插有铅笔芯的橡胶塞放入装满电解质溶液的试管中。注意铅笔芯不能与电接触。

步骤

铅笔芯和电源相连，毫安计插入其中。当输出电压远高于 5V 时，为了限制充电电流，可能必须添加一个电阻。充电将在几分钟内完成，充电电流会下降到非常小的值。断开电源后，电池电压约可测得 2.7V。各式电负载都可以被连作演示装置，例如，一个发光二极管（LED）（它会发光一段时间），一个小型电动机等。由于电池容量小，它会很快放电结束。

评价

充电后的电极反应如下：

$$负极：Li^+ + C_x + e^- \longrightarrow LiC_x \qquad (6.7)$$

$$正极：C_x + ClO_4^- \longrightarrow C_x ClO_4 \qquad (6.8)$$

放电时，上述反应将发生逆转。为了检验是否形成了 LiC_x 物种，可以将各自的电极浸入含有 pH 指示剂（例如苯酚酞）的水中。嵌层化合物中的锂会与水发生反应，形成锂离子、氢（数量可能太小以至于不明显）和羟基离子，导致 pH 指示剂的颜色变化。氢的形成可以通过胶结反应间接证明。当上一步暴露在水中的石墨电极被放置于 $0.5mol \cdot L^{-1}$ 的 $AgNO_3$ 的水溶液中时，石墨表面会附着上一层表明银离子还原的灰色银镀层。由于锂原子已经在前一步溶解，故这种现象只能是因为在石墨表面吸附了氢。

参考文献

Hasselmann，M. and Oetken，M.（2011）*Chemkon*，18，160.

Wu，Y. and Holze，R.（2019）*Electrochemical Energy Storage and Conversion*，Wiley-VCH Verlag GmbH，Weinheim.

问题

为什么直接将带电电极插入 $0.5mol \cdot L^{-1}$ 的 $AgNO_3$ 水溶液中不能证明氢气的生成？

实验 6.8：镍镉蓄电池的低温放电行为

任务

记录商用镍镉蓄电池低温条件下不同电流时的放电曲线[1]。

原理

二次电池（蓄电池）的容量会受其中所含活性物质量的限制。根据电池结构和操作条件的不同，实际可以回收的电量（即能量）可能会有很大的变化，这也适用于交付的电池功率。考虑到电极动力学的基础、电解质溶液和电导体的性质，有可能获得一般性的实验结论。在低温时，电池容量下降。温度降低，电解液离子电导降低，因而电池内阻上升，使用电池电压迅速下

---

[1] 当电池在远低于 0℃ 的温度下工作时，特别是在高放电电流条件下，可能会出现非常有趣的温度效应。

降。特别是在电流较高时更为明显，最终放电电压会大幅度下降。这是在寒冷的冬天早晨，启动内燃机时遇到困难的最常见原因。较高的放电电流使器件的可用能量减少。电流较高，相应的电极过电位也会较高，使电池电压降低，放电时间变短。此外，由于反应产物（硫酸铅）沉积在不利的位置（如闭孔），故局部反应物（硫酸）耗尽，活性物无法完全转化。在拉贡（Ragone）图（EC：461）中对这种关系进行了说明。

有两种方式可以实现蓄电池有效容量的实验测定。实现恒电流条件放电要求更精细的实验装置（电流接收器或电子负载），但只需将施加的电流乘以经过的时间就能很容易地得到结果。在实验上，第二种方法更为简单：通过恒定（分流）电阻放电。随着电池电压降低，流动电流也相应降低，因此放电容量的确定变得更加复杂。在这两种情况下，监测电池电压都是非常必要的，以避免深度放电，电池电压逆转，乃至使电池损坏或爆炸。深入探究操作温度对放电容量的影响则显得更为复杂。精确控制温度，需要一个足够有效的低温恒温器。特别是在高放电电流条件下，由焦耳热引起的电池内导体的自热可能会成为相当可观的热源。通过比较电池在冰箱和冷冻器中记录的放电曲线，可以初步了解温度效应。

实施
化学品和仪器

AAA 级可充电镍镉蓄电池（微电池）
各种阻值和足够的额定功率的负载电阻
冰箱和冷冻器
数据记录器或 X-t 记录仪

设置

将新充电的电池（根据制造商的建议，这在大多数情况下需要将相当于电池标称容量 1/10 的电流充电 14h）插入简单的装置中，如图 6.17 所示，在恒定电流下充电，并在恒定负载下放电。

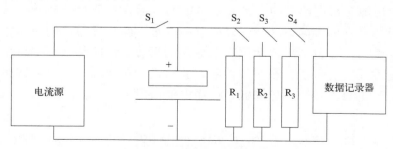

图 6.17　蓄电池充放电电路图

步骤

当向电池施加放电电流直到达到预设的电池电压时，开始记录电池电压与时间的关系图。

评价

图 6.18 显示了一组由制造商提供的、标称容量为 180mA·h 的 AAA 级镍镉蓄电池，在不同温度下得到的典型放电曲线。

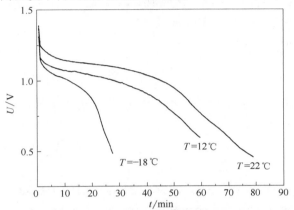

图 6.18　标称容量为 180mA·h 的镍镉蓄电池在固定负载
$R_2 = 3.9\Omega$ 条件下不同温度时的放电曲线

参考文献

Wu，Y. and Holze，R. (2019) *Electrochemical Energy Storage and Conversion*，Wiley-VCH Verlag GmbH，Wein.

问题

观察结果是否可用热力学解释？

实验 6.9：恒定负载下镍镉蓄电池的放电行为

任务

记录不同负载下商用镍镉蓄电池的放电曲线。

原理

在实际应用中，从电化学存储装置中释放的放电电流值可能变化很大。因此，在恒定条件下，即恒定电流下（见实验6.2）的测试只是一个简化的近似模型。放电到恒定电阻，即恒定的负载，尽管它仍然不能模拟典型的变化情况，但一定程度上会更加接近实际情况。本实验考察了不同负载电阻的影响。由于不需要恒流源，故与实验6.2相比，实验设置略有简化。

实施
化学品和仪器

AAA级可充电镍镉蓄电池（微电池）
满足额定功率的各种阻值的电阻
数据记录器或X-t记录仪

设置

一个可以在恒定电流下充电，也可以在恒定负载下放电的简单装置。参见图6.17。

步骤

打开S_1，充电停止，开始记录电池电压与时间的关系图。在数据记录器启动数据记录后，通过关闭$S_3 \sim S_5$中的任意一个来选择负载电阻（例如，$R_1 = 2.2\Omega$，$R_2 = 3.9\Omega$，$R_3 = 8.2\Omega$），将放电电流加到电池上。电池电压低于0.5V时停止放电。

评价

图6.19显示了一组尺寸为AAA，制造商规定的标称容量为$250mA \cdot h$的

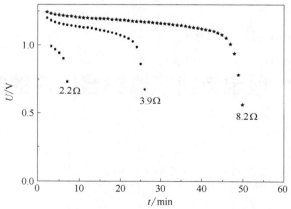

图 6.19　标称容量为250mA·h的镍镉蓄电池在不同负载下的放电曲线

镍镉蓄电池的典型放电曲线。通过对数据进行数值积分，可以确定释放的电荷和能量。

参考文献

Wu，Y. and Holze，R. (2015) *Electrochemical Energy Storage and Conversion*. Wiley-VCH Verlag GmbH，Weinheim.

实验 6.10：纽扣电池的阻抗

任务

测量和解释一种商用碱性纽扣电池的电池阻抗。

原理

在实验 3.26 中，以三电极排列方式测定了一个电极的阻抗。该实验揭示了这种高效的电化学方式的典型特征和性能。在一个只使用两个连接器（而不是三个）的简化设置中，可测量任何连接的系统的阻抗。本例中，将一个纽扣电池作为双电极电池和实验对象进行研究。无论采用何种方法进行数据分析，都必须考虑电极阻抗和连接电极的离子导电相的影响。虽然纽扣电池可能实现简化的便捷评估，但电极阻抗难以忽略。不幸的是，在已发表的报告中，没有对两电极和三电极实验进行区分，导致实验结果往往不太精确。正如在实验 3.26 中所做的那样，我们可以使用等效电路的方法，从只包含两个电极阻抗 Z_{el} 和溶液 R_{sol} 的简单等效开始，如图 6.20。

电极阻抗由电荷转移电阻、双层电容和电极成分的欧姆电阻几部分组成。图 6.21 仅显示一个电极阻抗。

图 6.20　电池的简单等效电路

图 6.21　电极阻抗电路

根据电极阻抗中各成分的假设性质，正确或至少近似地描述该阻抗所需的参数数量是相当大的。假设恒定相位元素表示双层电容，Warburg 阻抗表示通过扩散从电极到电极的传输，两个电极都需要 4 个参数。如包括溶液电阻，可以用 9

个参数来描述电池。根据获得的阻抗图中相对和绝对极值和转折点的数量，拟合过程可能产生多个解。进一步将实验与经验相结合，可能有助于选择最可能的解决方案。如等效串联电阻（ESR）、双层电容值和电荷转移电阻这些通用数据，一般可以查到。

实施
化学品和仪器

  碱性纽扣电池
  阻抗测量装置

设置

  连接阻抗测量装置、恒电位器和电池。测得零电流时的电池电压，并将其作为阻抗测量时的工作电压，即在平衡条件下进行测量。

步骤

  在尽可能宽的频率范围内测量电池阻抗。在频率上限时，电感可能占阻抗较大比重，而在低频率时，测量时间一般过长。

评价

  使用标准软件评估获得的数据（图6.22）。

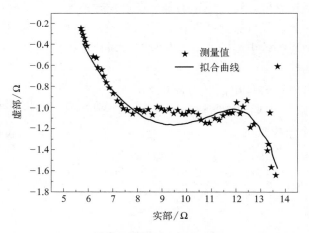

图 6.22　AG13 型碱性纽扣电池的电池阻抗

  在高频率下获得的电阻值为 ESR=5.0Ω，第二欧姆分量 R=8.5Ω 与电荷转移反应有关，作为常数相元件的电容元件 CPE=0.015F，指数为 0.33 表明来自高度多孔电极。在没有进一步证据的情况下，对后一种成分的评估是不可能的。然而，在忽略一个电极的作用没有明显影响或只需要一般信息的情况下（例如，ESR 数据），阻抗测量是可以应用的。

实验 6.11：恒电位极化曲线

任务

将铂电极置于含甲醇的高氯酸水溶液中，用恒电位法记录铂电极在电极电位正负方向上的电流-电极电位曲线。

原理

离子导电相（如电解质溶液）和电子导电相（通常是电极，并不准确）之间形成电化学界面。通过电化学界面的电流随电极电势的变化而改变（存在函数关系），可用于初步评估电极的性能。对这一关系的详细分析，可以提供许多有关电极反应动力学和分步反应组成的信息（EC：216）。由于数据是在恒电位条件（不再观察到电流变化）时获得的，与非恒电位的循环伏安法相比，该方法被称为恒电位法。

实施
化学品和仪器

两个铂片电极
$1mol \cdot L^{-1}$ $HClO_4$ 水溶液和 $1mol \cdot L^{-1}$ 甲醇
三电极电池
相对氢参比电极
恒电位器

设置

使用实验 3.11 的实验装置。

步骤

从自发建立的静止电位开始，以递增和递减的电极电位记录电流。

评价

典型数据图如图 6.23 所示。从图中可以很明显看出，在甲醇氧化过程中，开始析氢的电位电负性限度及电流是否出现峰值都是显而易见的。为了进行比较，图 6.24 显示了在相同设置时记录的循环伏安图。二者的相似处和不同点都很明显。就实际性能而言，图 6.23 所显示的稳态数据相关性更好。

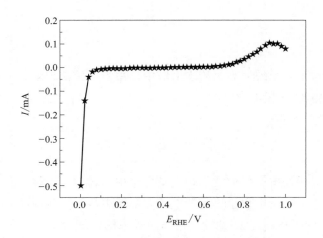

图 6.23　铂电极与 1mol·L^{-1}HClO$_4$ 和 1mol·L^{-1} 甲醇水溶液接触时的电流-电极电位数据（用恒电位法记录）

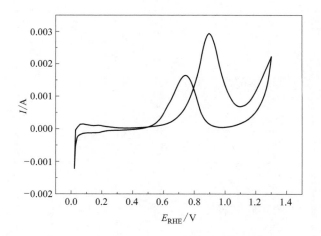

图 6.24　氮气吹扫、 dE/dt= 0.1V·s^{-1} 条件下铂电极与 1mol·L^{-1}HClO$_4$ 和 1mol·L^{-1} 甲醇水溶液接触时的 CV 值

实验 6.12：恒电流极化曲线

任务

用恒电流法记录含甲醇高氯酸水溶液中铂电极在电极电位正负方向上的电流-电极电位曲线。

原理

电极电位 E 与流动电流 I 或电流密度 j 之间的关系，在电化学中具有基础性意义。数据记录既可以采用恒电位器的恒电位模式，也可以采用施加在电极上的可控电流的恒电流模式，两种模式各有优缺点。正如在实验 6.1 中我们发现的那样，恒流模式在实验设置方面是相当简单的。在最简单的情况下，一个足够大的恒压直流电源和可调节大阻值分流电阻就足够了；更复杂的研究将使用可调节电流源。这个仪器可能仍然是一个相当简单和便宜的设备。实验研究中的工作电极电位是基于参考电极的相对值。类似于实验 6.1，一个简单的高阻抗电压表（静电计）就足以满足实验需求了。对于给定的电极，例如腐蚀电极或发生有机分子氧化过程的电极（这两种情况，见实验 3.11），当具有更复杂的关系时，可以观察到不止一个相关电极电位（反之亦然）。因此，在最坏的情况下，恒流实验将产生振荡的电位读数。在大多数情况下，恒电位法可以产生更好的确定结果，但它需要恒电位器，因此实验设置更加昂贵。

实验 6.1 描述了一个使用多孔铅和二氧化铅电极的类似恒流实验。

实施

化学品和仪器

两个铂片电极

$1mol \cdot L^{-1} HClO_4$ 水溶液和 $1mol \cdot L^{-1}$ 甲醇

可调电流源

相对氢参比电极

高输入阻抗电压表

电流表

设置

将铂电极置于含有电解质溶液的烧杯中。参比电极安装在铂电极附近，用作工作电极。电流源与铂电极连接，电流表串联连接。工作电极和参比电极与电压表相连。

步骤

电流可以根据供电功率（当进入正、阳极方向时）或析氢过程（相反方向）在几毫安到电源额定值的范围内调整。当数值稳定时，记录相应的电极电位。

评价

得到的数据如图 6.25 所示。

对比恒电位/电流极化曲线，可用参数 CV 值（参考实验 6.11）。

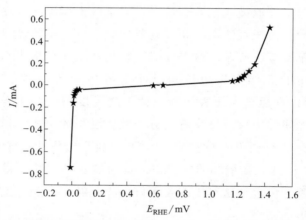

图 6.25　恒电流条件下铂电极与 1mol·L^{-1}HClO$_4$ 和 1mol·L^{-1}
甲醇水溶液接触时的电流-电极电势数据

7 电化学生产

电化学生产方法在工业各个分支中都具有相当重要的意义，它们平均消耗7％的发电量。它们在金属提取和精炼、大宗无机和有机化学品的生产、材料和部件的加工与表面处理中都很重要。对无机化学，典型案例包括氯碱电解以及用熔盐或电解质溶液电解铝或铜。在有机化学工业中，可能的应用要多得多，但它们的总体体量却比无机化学工业小得多。工业上开发了通过还原或氧化反应来修饰官能团或形成新的 C—C 键的工艺。表面处理（铜、金和铅的电镀）和电化学加工都是非常典型的例子。

Experimental
Electrochemistry

实验 7.1: 置换反应

任务

研究废铁和锌粉水溶液中的铜沉积。

原理

活泼性较强的金属以单质形式，添加到活泼性较弱的金属离子的溶液中，将导致活泼性较弱金属以单质形式析出（沉淀），并使相应量的较活泼金属溶解（变为离子），这被称为置换反应。铜离子与铁的反应如下：

$$Cu^{2+} + Fe \longrightarrow Cu + Fe^{2+} \tag{7.1}$$

在技术上，该反应对于获得银、铜和其他金属具有重要意义。在铜的开采中，它已被电解萃取所取代。这一过程也可以在腐蚀中观察到（见上文）。最后，它可以作为一个简单的处理方式来生产金属涂层（例如铁上的铜）。

实施

化学品和仪器

约 $1 \, mol \cdot L^{-1} \, CuSO_4$ 水溶液

铁粉

锌粉

小烧杯

设置

将硫酸铜溶液置于烧杯中，为了更好地观察，烧杯建议放在白纸上。

步骤

在溶液中加入一些铁粉。当这些反应物被缓慢搅拌时，会发生脱色。如有必要，可添加更多铁粉。

用锌粉重复该过程。

评价

脱色表明铜离子减少，这也可从铁粉表面涂覆了铜涂层后，其颜色变红而得到印证。因为反应是非均相反应（仅在界面铁颗粒/铜离子溶液处进行）且

小粒径铁粉具有更大的比表面积，所以如果使用大粒径铁颗粒，则需要更多的铁粉以保证反应速率。显然，较细的铁颗粒具有更大的比表面积，反应更快。对于锌粉，反应进行得特别快。当一些硫酸铜被添加到粒状锌和硫酸中时，在用于生产氢气的基普（Kipp）装置中也发生了置换反应。由于铜沉积，形成由铜和锌组成的局部混合物质。随后，在铜表面上，质子还原产生氢的过程快速进行，而在锌表面发生阳极溶解。由于锌的氢过电位较高，锌表面氢析出速度较慢。

实验 7.2：铜的电沉积

任务

研究多回路铜电极上铜沉积期间的电流分布，并了解均镀能力。

原理

在相边界溶液/电极的电化学过程中，通常假设反应速率（物质转化等）在任何位置都相同，即所有位置的局部电流密度都相同。在许多情况下，当建立有利的实验条件（高导电电解质溶液、低电流密度、工作电极和对电极的对称布置）时，结果将是近似真实的。在实际的金属沉积（和其他电化学过程）中，这些条件往往不满足。元件的复杂形状和表面、溶液导电性差和电极的高度不对称分布可能导致电流分布高度不均匀，从而导致不同的局部金属沉积速率。这可能产生严重的甚至毁灭性的后果。不均匀电流分布的结果是仅在低电流密度的地方形成薄金属层。当成分的性能（腐蚀稳定性、硬度、耐磨性）取决于该厚度时，可能会产生一些不想得到的特性变化。

有多种方法可以防止这些后果出现，比如组件结构、对电极的有利布置以及泵输送或搅拌高导电电解质溶液。给定溶液的抑制不均匀金属沉积的能力称为"均镀能力"，高均镀能力意味着，即使在不太有利的情况下，也能有良好的分布情况。采用多回路电极能够单独测量流入不同电极部分的电流，因而可以方便地研究这种特性。本实验假设所使用的铜板的电化学性能在整个表面相同，并且本实验中铜离子浓度是在各向同性的条件下研究了一次电流分布。除了仅由电池和电极几何形状控制的电流分布外，本实验还考虑了电极的局部不同表面特性（例如污染物沉积对铜沉积的局部阻碍）的影响，在这种情况下对二次电流分布进行了研究。最后考虑局部浓度差异，其结果为三次电流分布。

实施

化学品和仪器

> 多回路铜电极
> 铜线
> 约 $0.1mol \cdot L^{-1}$ 的 $CuSO_4$ 水溶液
> 两个相同的电流表
> 可调电源
> 烧杯

设置

切割两片大小相等（如 3cm×4cm）的铜箔。在靠近中间的较短边缘，软焊上铜线。用胶带或热熔树脂将焊点绝缘后，用一片塑料箔将这些片材固定在一起，作为它们之间的绝缘体，边缘覆有胶带。导线通过电流表连接到电源的负极。正极与浸在溶液中的铜线相连。在两个电流表上，设置相同的电流范围。

步骤

在电源处设有总电流，在电流表处读取进入两个电极的部分电流。实验可以在铜离子浓度、电池几何形状、铜线阳极的放置、使用外加阳极、电极距离、搅拌等条件不同时进行。

评价

在使用稀硫酸铜溶液，总电流 $I=50mA$，铜线阳极前后各有一片铜箔电极的典型实验中，进入阳极的电极电流 $I_f=34.6mA$，而进入背面电极的电流仅为 $I_b=15.4mA$。在 $I=100mA$ 时，分布为 $I_f=67mA$ 和 $I_b=33mA$。

实验 7.3：铝的电化学氧化

任务

通过对铝表面进行阳极氧化，产生氧化膜，随后对氧化膜着色和密封。

原理

一旦金属暴露在空气中，几乎所有非贵金属（较活泼金属）的表面都会形成薄的氧化膜。其中兼具机械稳定性和化学稳定性的氧化膜就成为一个保护性的钝化层。铝表面极易形成的 Al_2O_3 薄膜就是一个特别好的例子。自然形成的氧化层对技术应用来说是不够的。通过在合适的电解质溶液中的电化学氧化，可以改进该保护层（如增厚至约 $0.02mm$）❶。

实施
化学品和仪器

铝板，约 $2cm \times 4cm$
用于悬挂铝板的铝线
铝板条，约 $1cm \times 10cm$
脱脂剂（有机溶剂）
$1mol \cdot L^{-1}$ NaOH 水溶液
$0.2mol \cdot L^{-1}$ HNO_3 水溶液
$2mol \cdot L^{-1}$ H_2SO_4 水溶液
$0.1mol \cdot L^{-1}$ $(NH_4)_3Fe(C_2O_4)_3$ 水溶液❷
0.1%（质量分数）乙酸铵水溶液❸
电源
烧杯

设置

在阳极氧化过程中，用金属丝悬挂铝板，并将铝板放入装有硫酸的烧杯中。铝条被绕成一个线圈，围绕着铝片，也被悬挂在溶液中。两个电极都连接到电源上。

步骤

将铝板进行仔细的脱脂处理，用大量的水冲洗，并在氢氧化钠溶液中腐蚀几分钟，可观察释放出大量氢气。随后，用硝酸溶液进行中和，并再次用水冲洗铝板。之后在硫酸溶液中处理约 $15min$ 形成电解氧化层，条件为 $T=26℃$，$j=10\sim20mA \cdot cm^{-2}$，且应用电压应不超过 $15V$。良好的着色质量需要一定的氧化层厚度。在这种情况下，氧化层的制备过程应持续 $30min$。将铝板从酸溶液中取出，冲洗后放入温热的（$T=70℃$）着色溶液中（可以尝试任何水溶性染料）浸

---

❶ 在德语中，这个过程被称为 "Eloxal-Verfahren"。
❷ 所需的草酸铁溶液可以通过混合氯化铁和草酸铵溶液制备。
❸ 该溶液仅用于密封表层。

渍几分钟。当达到所需的着色深度时，将铝片取出并冲洗干净。如果需要，可以再次开始着色。最后在沸水中浸泡 15~30min，进行封闭处理；对于无需着色或有金色着色层的情况，建议使用 5g 乙酸镍和 5g 硼酸/L 水的沸水溶液。对于其他颜色，应用乙酸铵溶液处理约 30min。

评价

铝板经苛性钠处理后得到均匀、清晰的表面，在随后的氧化过程中形成均匀致密的氧化膜。对于含硅的铝合金来说，因为硅和铝的特性不同，无法形成均匀的氧化层，故会在表面出现暗淡和色调不均的现象。在最后的铝板密封过程中，部分氧化铝可能被水化，使体积增加，氧化层致密化及机械稳定性变好。

实验 7.4：醋酸的科尔贝（Kolbe）电解

任务

通过醋酸的科尔贝（Kolbe）电解，生产乙烷。

原理

早在 1833 年，法拉第（M. Faraday）就报道了在电解乙酸钾溶液的过程中，会产生二氧化碳和一种碳氢化合物。他最初认为，这些是阳极生成的氧气对乙酸盐氧化的次级产物。令他惊讶的是，在阳极上形成了一种含有较低氧化态碳原子的还原化合物——乙烷。 1848~1850 年期间，科尔贝更深入地研究了这个反应（后来以他名字命名）。他总结出，当阳极放电的羧酸阴离子失去一个单位的二氧化碳时，会形成一个自由基，随后产生碳氢化合物。这里研究的乙酸反应就是如此：

$$2CH_3COO^- \longrightarrow 2CO_2 + C_2H_6 + 2e^- \qquad (7.2)$$

根据目前的研究，自由基被认为是中间体：

$$CH_3COO^- \longrightarrow CH_3 \cdot + CO_2 \qquad (7.3)$$

由于使用小表面积的铂金电极作为阳极，并施加大的电流（即大的电流密度），自由基可以具有很大的局部固定浓度。自由基的重新组合产生了碳氢化合物乙烷：

$$2CH_3 \cdot \longrightarrow C_2H_6 \qquad\qquad (7.4)$$

自由基中间体是否存在，可以通过与苯乙烯的捕获反应等来进行证明。在该反应中，会发生苯乙烯的聚合反应（自由基反应）。

实施
化学品和仪器

0.61mol 乙酸钠水合物（50g）

0.87mol 冰醋酸（50mL）

铂丝电极（阳极）

铜线电极（阴极）

电源

结晶器或培养皿

滴定管（带两个阀门，容量为 50~100mL）

烧杯

设置

对于电解，可以使用图 7.1 所示的装置。

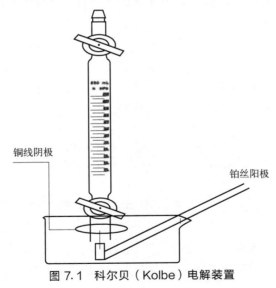

铜线阴极

铂丝阳极

图 7.1　科尔贝（Kolbe）电解装置

步骤

将这两种组分（冰醋酸与乙酸钠）和水配制的电解质溶液，放入培养皿中。

将滴定管安装在培养皿上方，其下端伸入溶液中。铂丝固定在滴定管的下端，其尖端伸入溶液中。铜线被放置在其下端上方，以阻止阴极产生的氢气进入滴定管。通过抽吸，滴定管中的溶液被填充到顶阀。电解电压约为 $U = 12V$，会产生较大的气体逸出速率。

因为二氧化碳在电解质中具有较大溶解度，因此应进行第一次电解，直到滴定管内充满气体。现在，气体产物的饱和溶液再次被吸入滴定管。第二次进行电解，直到两个阀门之间的体积被气体填满。关闭阀门后，可以对气体进行分析。如果用 NaOH 溶液进行萃取，气体体积的减少表明最初形成的 CO_2 发生了反应，产生了溶解的碳酸盐。当残余的气体被小心地释放并点燃时，它会缓慢燃烧，火焰呈蓝色，这是典型的碳氢化合物燃烧。

实验 7.5：乙酰丙酮的电解

任务

在非水电解质溶液中，通过间接电解乙酰丙酮（戊烷-2,4-二酮），产生 3,4-二乙酰己烷-2,5-二酮。

原理

乙酰丙酮的间接阳极氧化产生碘取代的中间体，其在偶联反应中反应形成 3,4-二乙酰己烷-2,5-二酮。图 7.2 显示了整个转化过程。

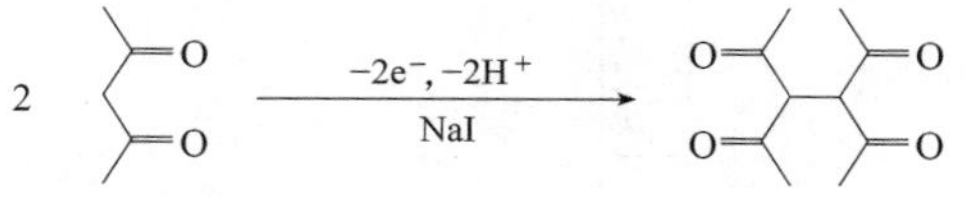

图 7.2　生成 3,4-二乙酰己烷-2,5-二酮的反应式

对反应途径进行详细研究，揭示了阳极氧化的进一步细节。根据图 7.2 的反应式，位于 3 号位的酸性氢原子可以被拆分，生成一个质子和乙酰丙酮阴离子。在阳极，碘化物被氧化成碘。碘与这个阴离子反应，形成一个被碘取代的（在第 3 位）乙酰丙酮。由于这个碘取代基非常活泼，因此在第 3 位的相应碳原子上被另一个乙酰丙酮阴离子进一步取代的过程很顺利。碘离子被释放后，产物就形成了。顺序如图 7.3 所示。

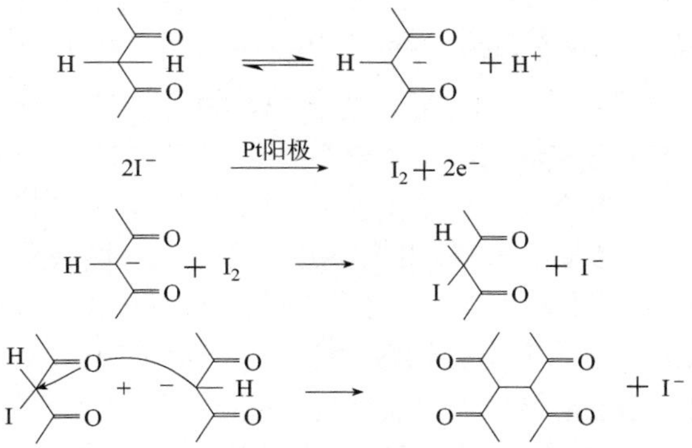

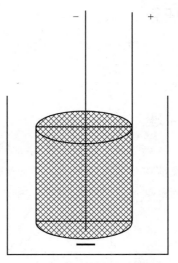

图 7.3　阳极乙酰丙酮二聚反应的机理图

实施

化学品和仪器

250mL 丙酮

40mmol 乙酰丙酮（4g）

3.3mmol NaI（0.5g）

网状铂丝电极

铁丝阴极

烧杯

磁力搅拌板

磁力搅拌棒

电源（90V，0.5A）

设置

缠绕成螺旋状的铁丝电极作为阴极，放置在烧杯的中央。作为阳极的铂丝网则放在其周围（图 7.4）。将乙酰丙酮的丙酮溶液倒入烧杯中，调整电极的高度以避免它们接触而发生短路现象。同时，也要避免电极与搅拌器间的碰撞。

步骤

在电极上施加约 60V 的直流电压❶，最初只

图 7.4　乙酰丙酮电解装置

---

❶　根据适用于电气设备及其使用的安全规定，这里使用直流电压时要比其他实验更加小心，要有防止短路和意外触及电气元件的预防措施。

有很小的电流或根本没有电流，加入 NaI 后，电流迅速上升。电源处电流限定为 $I=0.5A$，如果没有达到这个电流，就进一步添加 NaI。在 $I=0.5A$ 的情况下，电解 2h。由于存在焦耳热，使反应混合物的温度上升。当焦耳热过大时，丙酮迅速蒸发，可能会造成大量的碘损失，因此必须更换蒸发的丙酮。在这种情况下，电流会迅速下降。再加入一些 NaI 补偿电流损失。电解结束后（大约 2h 后或通过大约 2 倍于化学计量的必要电荷后），将电极移开。将丙酮在旋转蒸发器中蒸发去除。将棕色的产品溶解在 10mL 丙酮中，并在冷冻室中放置一夜。将沉淀的晶体收集在布氏漏斗中，用水洗涤至几乎无色状态。注意，当用水和丙酮的混合物（5：1 的比例）洗涤晶体时，会很容易导致产品完全溶解。获得的晶体在大约 160℃时重新结晶，恰好在 160℃观察到第一次升华。白色晶体熔化温度在 192～194℃之间，这与文献数据一致。此实验中的原始产量是 12%。

参考文献

Elinson，M. N.，Lizunova，T. L.，and Nikishin，T. I.（1992）*Bull. Acad. Sci. USSR（Engl. Transl.*），41，123.

实验 7.6：丙二酸二乙酯的阳极氧化

任务

在非水电解质溶液中，通过间接氧化丙二酸二乙酯，合成 2,3-双乙氧羰基-琥珀酸二乙酯。

原理

丙二酸二乙酯在碘离子存在条件下发生阳极氧化生成碘取代中间体，在偶联反应中生成 2,3-双乙氧羰基琥珀酸二乙酯。图 7.5 为整个反应方程式。反应机理与前面讨论的乙酰丙酮电解反应相同（见实验 7.5）。

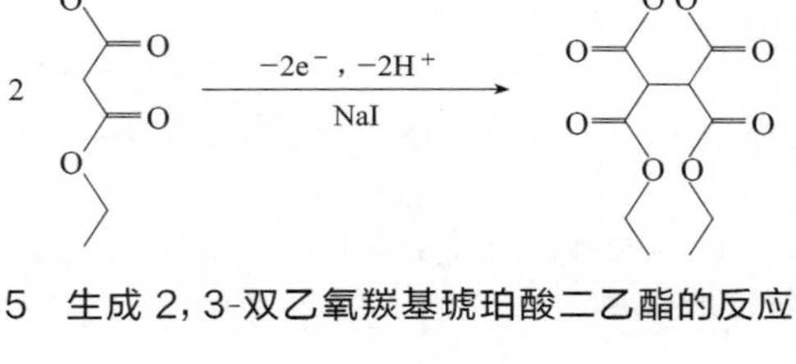

图 7.5　生成 2,3-双乙氧羰基琥珀酸二乙酯的反应图式

实施

化学品和仪器

> 250mL 丙酮
>
> 40mmol 丙二酸二乙酯（6.07mL）
>
> 3.3mol NaI（0.5g）
>
> 铂丝网状电极
>
> 铁丝阴极
>
> 烧杯
>
> 磁力搅拌板
>
> 磁力搅拌棒
>
> 电源（90V，0.5A）

设置

缠绕成螺旋状的铁丝电极作为阴极放置在烧杯的中央，而作为阳极的铂丝网则放在其周围（图7.4）。将丙二酸二乙酯的丙酮溶液倒入烧杯中，调整电极的高度，避免它们之间接触而发生短路，同时也要避免电极与搅拌器的碰撞。

步骤

在电极上施加约60V的直流电压❶，最初只有很小的电流或根本没有电流，加入NaI后，电流迅速上升。电源处电流限定为$I=0.5A$，如果没有达到这个电流，就进一步添加NaI。在$I=0.5A$的情况下，电解2h。由于存在焦耳热，使反应混合物的温度上升。当焦耳热过大时，丙酮迅速蒸发，可能会造成大量的碘损失，因此必须更换蒸发的丙酮。在这种情况下，电流会迅速下降。再加入一些NaI补偿电流损失。电解结束后（大约2h后或通过大约2倍于化学计量的必要电荷后），将电极移除。将丙酮在旋转蒸发器中蒸发去除。将棕色的产品溶解在10mL丙酮中，并在冷冻室中放置一夜。将沉淀的晶体收集在布氏漏斗中，用水洗涤至几乎无色状态。用水和丙酮的混合物（5∶1的比例）进一步洗涤，可以得到更浅的颜色。所得晶体在160℃左右再结晶；在160℃时，观察到第一次升华。白色晶体熔化温度在73~74℃之间，这与文献数据一致。该实验的收率为59%。

---

❶ 根据适用于电气设备及其使用的安全规定，这里使用直流电压时要比其他实验更加小心，要有防止短路和意外触及电气元件的预防措施。

参考文献

Elinson，M. N.，Lizunova，T. L.，and Nikishin，T. I.（1988）*Bull. Acad. Sci. USSR（Engl. Transl.）*，37，2285.

实验 7.7：乙酰乙酸乙酯（2-氧亚基丁酸乙酯）的间接阳极二聚反应

任务

在非水电解质溶液中，通过间接氧化乙酸乙酯，制备 2,5-二氧亚基-3,4-二乙氧羰基己烷。

原理

在碘化物存在的条件下，2-氧亚基丁酸乙酯在阳极氧化产生一种碘取代的中间体，其在偶联反应中转化为 2,5-二氧亚基-3,4-二乙氧羰基己烷。图 7.6 显示了整个反应方程。反应机理与前面讨论的乙酰丙酮电解反应相同（见实验 7.5）。

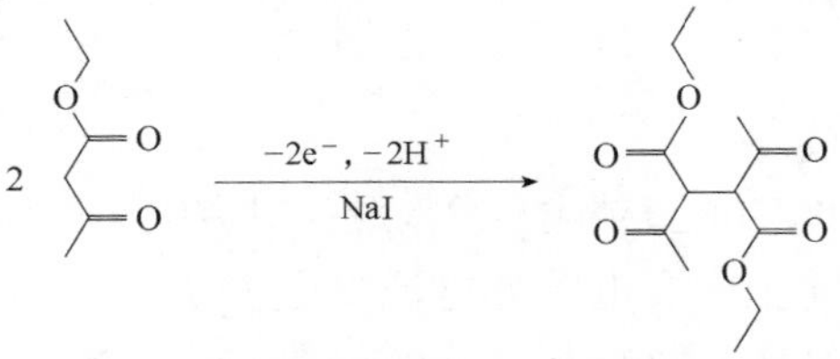

图 7.6　生成 2,5-二氧亚基-3,4-二乙氧羰基己烷的反应图

实施

化学品和仪器

250mL 丙酮

$3.3 mmol \cdot L^{-1}$ NaI（0.5g）

铂丝网电极

铁丝阴极

烧杯

磁力搅拌板

磁力搅拌棒

电源（90V，0.5A）

设置

缠绕成螺旋状的铁丝电极作为阴极放置在烧杯的中央，而作为阳极的铂丝网则放在其周围（图 7.4）。将乙酰乙酸乙酯的丙酮溶液倒入烧杯中，调整电极的高度，避免它们之间发生短路以及与搅拌器发生碰撞。

步骤

在电极上施加约 60V 的直流电压❶，最初，只有很小的电流或根本没有电流，加入 NaI 后，电流迅速增长。电源处电流限定为 $I = 0.5A$，如果没有达到这个电流，就进一步添加 NaI。在 $I = 0.5A$ 的情况下，电解 2h。由于存在焦耳热，使反应混合物的温度上升。当焦耳热过大时，丙酮迅速蒸发，可能会造成大量的碘损失，因此必须更换蒸发用的丙酮。在这种情况下，电流会迅速下降。加入一些 NaI 可以补偿这种损失。电解结束后（大约 2h 后或通过大约 2 倍于化学计量的必要电荷后），将电极移出。通过抽一定的真空度，可将旋转蒸发器中的丙酮迅速去除；也可以在水浴中，通过蒸馏去掉丙酮（要避免产品的共同蒸发）。将棕色的产品溶解在 10mL 丙酮中，放入冰箱过夜。将沉淀的晶体收集在布氏漏斗上。用少量的水和丙酮的混合物（5:1 体积比）洗涤，可得到在 84℃熔化的晶体产品，这与文献数据一致。本文所述实验的收率为 20%。

参考文献

Elinson，M. N.，Lizunova，T. L.，and Nikishin，T. I.（1992）*Bull. Acad. Sci. USSR（Engl. Transl.）*，41，123.

实验 7.8：丙酮的电化学溴化反应

任务

通过丙酮的电化学溴化反应，可合成溴仿。

原理

在有机合成的经典卤素反应中，一般用次卤酸盐（HOX，X 代表卤素）处

---

❶ 根据适用于电气设备及其使用的安全规定，这里使用直流电压时要比其他实验更加小心，要有防止短路和意外触及电气元件的预防措施。

理具有可氧化甲基的有机化合物。卤化中间体在碱性的影响下分裂成卤化物和羧酸。反应如图 7.7 所示。

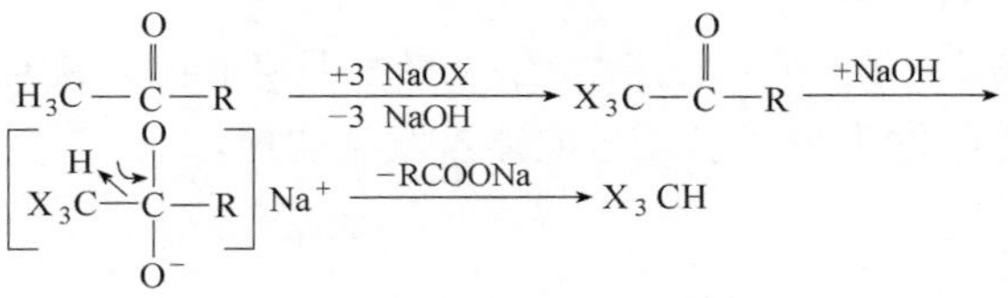

图 7.7　卤仿反应机理

X＝卤素

这个过程也可以通过电化学反应进行。所需的卤素是由相应的卤化物通过电化学方法形成的，然后使卤素与有机化合物反应。此处简化的阳极反应为：

$$3Br_2 + 4OH^- + (CH_3)_2O \longrightarrow CHBr_3 + CH_3COO^- + 3H_2O + 3Br^-$$

$$(7.5)$$

在阴极，氢气析出的过程如下：

$$6H_2O + 6e^- \longrightarrow 3H_2 + 6OH^-$$ 　　　　　(7.6)

由于使用了一个不可分割的电池结构，故阴极发生的反应使溶液的 pH 值发生变化，转变为碱性溶液。虽然阳极反应也需要一些氢氧根离子，但其浓度不可过高，否则会在阳极发生溴的碱性歧化反应（如下）：

$$3Br_2 + 6OH^- \longrightarrow 5Br^- + BrO_3^- + 3H_2O$$ 　　　　　(7.7)

当 pH 值过高时，这个竞争性反应［式（7.7）］占优，可能会抑制阳极产生溴仿的反应。碳酸氢盐溶液的 pH 值变化，也已被证明是这个原因引起的。形成的 OH^- 离子，会逐渐将溶液变成含碳酸盐的溶液，导致丙酮被直接氧化成乙酸和二氧化碳。为了抑制这一副反应（碳酸盐化），要向溶液中注入二氧化碳，以保持碳酸氢盐的饱和浓度。由于法拉第效率很高，因此产生了含溴的溴仿。幸运的是，溴仿很容易分离提纯。

在一个结构完整的全电池中，溴和溴仿在阴极被还原，导致法拉第效率的损失。加入铬酸钾可有效抑制该反应。据推测，由于铬酸盐在阴极上形成一层氧化铬，因而显著地抑制了此副反应。另外需要注意，不能用乙醇代替丙酮（见碘仿合成，实验 7.9）。因为在溴化物氧化成溴所需的高阳极电位下，乙醇可能被氧化。

实施

化学品和仪器

0.15mol KBr（12.5g）

5mmol $KHCO_3$ （7.6g）

7.5mL 丙酮

0.42mmol K_2CrO_4 （0.125g）

水

两个铂电极，面积约 $1cm^2$

烧杯

二氧化碳

电源（90V，0.5A）

设置

将原料溶于75mL水中，并倒入烧杯中。将烧杯放入冷却槽中，插入电极并连接到电源。

步骤

由于三溴甲烷有毒，会对健康造成潜在危害，电解反应以及对反应混合物的进一步处理，都必须在通风橱中进行。电解是在电流密度 $j=0.1A \cdot cm^{-2}$ 的条件下进行的，更高的电流密度会导致过多的气体析出，以及产品可能会随气流损失。建议混合物的电解时间约为7h。采用较大的电极或较少量的反应物时，电解时间可相应缩短，电解过程中应保持17℃左右的温度。二氧化碳连续通过溶液，当观察到溶液呈黄色时，必须增加气体的流量。经过短时间的电解，就可以观察到含溴产品的形成，以及棕色的小液滴聚集在电解池的底部。电解结束后，用分离漏斗收集这部分物质，并用少量含丙酮的苏打溶液进行提纯。在本例中，获得2mL三溴甲烷，收益率约为9%。

实验 7.9：乙醇的电化学碘化反应

任务

通过乙醇的电化学碘化合成碘仿。

原理

可以用类似于丙酮的电化学溴化反应，来制备碘仿。由于从碘化物中形成碘所需的阳极电位，显著低于溴的生成电位，因而在较低电位下即可完成碘仿制备。因此，可以采用对阳极氧化更敏感的有机溶剂（乙醇）来代替丙酮。

在阳极，碘从碘化钾的碱性溶液中形成，其原理是：

$$2I^- \longrightarrow I_2 + 2e^- \qquad (7.8)$$

碘的歧化反应如下：

$$3I_2 + 4OH^- \longrightarrow 2HIO + IO^- + 3I^- + H_2O \qquad (7.9)$$

可能会发生后续副反应，生成碘酸盐：

$$2HIO + IO^- + 2OH^- \longrightarrow IO_3^- + 2H_2O + 2I^- \qquad (7.10)$$

在没有反应物（乙醇）的情况下，可以发生以下总反应：

$$3I_2 + 6OH^- \longrightarrow IO_3^- + 5I^- + 3H_2O \qquad (7.11)$$

如果有乙醇参与竞争，可能会形成碘仿。有乙醇时，总反应方程为：

$$5I_2 + CH_3CH_2OH + 9OH^- \longrightarrow CHI_3 + CO_3^{2-} + 7I^- + 7H_2O \qquad (7.12)$$

其机制与所讨论的溴仿形成的机制相同。碘仿和碘酸盐的产品分布取决于溶液组成。碱性强的溶液有利于碘酸盐的形成，而碱性弱的溶液有利于碘仿的形成。因此，在该实验中采用含碳酸盐的溶液。仔细检查结构完整的全电池中阳极和阴极处的反应过程会发现一个可能的问题。在阳极处，羟基离子由下面反应被消耗❶：

$$10I^- + CH_3CH_2OH + 9OH^- \longrightarrow CHI_3 + CO_3^{2-} + 7I^- + 7H_2O + 10e^-$$

$$(7.13)$$

当消耗 10mol 电子时，也消耗 9mol 羟基离子。在阴极，发生以下反应：

$$10H_2O + 10e^- \longrightarrow 10OH^- + 5H_2 \qquad (7.14)$$

把这两个方程式放在一起，就会产生羟基离子。在一个结构完整的全电池中，溶液可以自由扩散，OH^- 会使 pH 增加，溶液碱性增加，易形成碘酸盐。为了抑制这种情况，可向溶液中加入二氧化碳。考虑到过多的 CO_2 会使 pH 值过低，不利于快速生成碘仿，因此实际添加的 CO_2 量应保持在所需的最低值。

实施
化学品和仪器

12mmol KI（2.04g）

15.7mmol Na_2CO_3（1.66g，无水）

71mmol 无水乙醇（4.17mL）

16.7mL 水

两个铂电极，面积约 2cm^2

烧杯

二氧化碳气体

---

❶ 为了强调这个问题，只总结了部分反应方程，没有对化学计量进行简化。

电源

设置

将原料混合后倒入烧杯。将烧杯放入冷却槽中。插入电极并连接到电源。

步骤

由于碘仿有毒，会对健康造成潜在危害，因此电解操作以及对反应混合物的进一步处理必须都在通风橱中进行。电解是在电流密度约为 $j = 0.1A \cdot cm^{-2}$ 的条件下进行的，要注意，更高的电流密度会导致过多的气体析出和产品随气流逸出的携带损失。建议混合物的电解时间约为 4h。较大的电极或较少量的反应物会导致相应的较短的电解时间，电解过程中应保持 17℃ 左右的温度。二氧化碳连续通过溶液，当溶液呈琥珀黄色时，表明此时为二氧化碳的最佳流量。经过短时间的电解，就可以观察到产品的形成，现象为黄色的碘仿微粒浮在溶液表面。电解完成后，用过滤器收集，并用水清洗、干燥。为了计算相对于 KI 起始量的产率，方程式（7.13）可简化为：

$$3I^- + CH_3CH_2OH + 9OH^- \longrightarrow CHI_3 + CO_3^{2-} + 7H_2O + 10e^- \quad (7.15)$$

在本例中，产率约为 50%。

实验 7.10：过硫酸钾的电化学生产

任务

通过硫酸根离子的电化学氧化合成过硫酸钾。

原理

硫酸氢离子的阳极氧化，生成过二硫酸，反应方程式如下：

$$2HSO_4^- \longrightarrow H_2S_2O_8 + 2e^- \quad (7.16)$$

当阳离子浓度足够高时，其可沉淀为相应的盐。一种可能的反应途径如下：

$$HSO_4^- \longrightarrow SO_4^{2-} + H^+ \quad (7.17)$$

中间产物的转化：

$$2SO_4^{2-} \longrightarrow S_2O_8^{2-} + 2e^- \quad (7.18)$$

通过相应的盐可以制备过氧化氢。不过，这一过程与蒽醌工艺相比，没有竞争力。

实施
化学品和仪器

$KHSO_4$ 饱和水溶液

铂丝电极（阳极）

铂/镍片电极（阴极）

烧杯

底部用多孔熔块或棉塞封闭的玻璃管

装有冷却冰水混合物的大烧杯

电源

设置

将装有 $KHSO_4$ 溶液的小烧杯放入冷却槽中。阳极被放置在溶液中，阴极放置在玻璃管内，其底部靠近烧杯底部。

步骤

在电压约为 $U=12V$ 的电压和电流约为 $I=1.5A$ 的情况下，大约半小时就可以完成电解。施加到电池的电能部分转化为热量（焦耳热），因此可能需要进一步添加冰。一段时间后，$K_2S_2O_8$ 的白色晶体沉淀，沉淀物可以被收集在过滤器上并用少量冷水清洗。$K_2S_2O_8$ 的存在可以通过碘或 Mn^{2+} 离子的氧化等实验进行鉴定。

问题

在阴极会产生什么副产物？

实验 7.11：隔膜法电解氯碱的产率测定

任务

在使用隔膜工艺的氯碱电解中，通过对生成的氢氧化钠溶液进行滴定来确定法拉第效率。

原理

在使用隔膜工艺（EC：404）的氯碱电解中，阳极室和阴极室中的电解质溶液被一个多孔的隔膜分开，以避免产生气体（氢气和氯气）混合。阴极产生的 OH^- 离子被输送到阳极，可能会与产生的氯发生反应，产生副产物并降低产率。隔膜最初是由混合了盐的灰泥制备的，盐的浸出促进高度多孔隔膜出现，这种材料后来被石棉纤维所取代。这些隔膜并不完美，因为即使优化了电池内溶液流动的方向和速度，也无法完全抑制羟基离子转移。隔膜工艺的这一缺点在测量法拉第效率时变得很明显。该效率是根据消耗的电荷量计算的。获得的氯、氢和苛性钠的质量小于预期。

实施

化学品和仪器

20%（质量分数）的 NaCl 水溶液

装有苛性钠溶液的吸收瓶，用于吸收氯气

酚酞指示液

用于滴定的 $0.1mol \cdot L^{-1}$ HCl 水溶液

5mL 移液器

电解池

电源（DC 6 A）

手表

设置

所用电解槽如图 7.8。

一根石墨棒［勒克朗谢（Leclanche）电池的中心电极，电弧碳］被推入一个橡胶塞上的两个孔中的一个。在另一个孔中，推入一根玻璃管。这根玻璃管通过一根橡胶管与吸收瓶相连，用于在碱性溶液中吸收氯气。将橡胶塞压入多孔容器（如烧制的多孔黏土隔膜、多孔玻璃管）的顶部开口。这个容器被放置在作为电解池的烧杯的中间。在靠近烧杯壁的

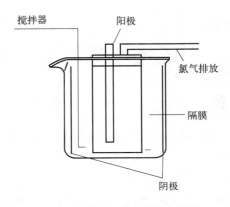

图 7.8　用于隔膜工艺的电解槽

地方❶放置一块有很多孔的钢板或一根螺旋状的铁丝作为阴极。把一根弯曲的铁丝放在隔膜和阴极之间，用作搅拌器。

步骤

电解是在 $I=2A$ 的恒定电流下进行的。10min 后，从阴极室取出第一份氢氧化钠溶液样品，用搅拌器充分搅拌后，用滴定法测定样品中氢氧化钠的含量。这个测定要重复三次。在计算基于电流和通过时间的产率时，必须考虑阴极室中溶液体积的减少。

评价

示例结果如图 7.9 所示。正如预期的那样，由于隔膜性能不佳，产率随着操作时间的增加而缓慢下降。搅拌器的不完全混合和采样精度不高导致一些数据有波动。

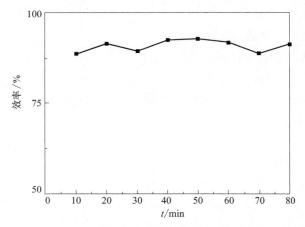

图 7.9　隔膜法电解氢氧化钠过程中的法拉第效率

参考文献

Pletcher，D. and Walsh，F. C.（1993）*Industrial Electrochemistry*，Blackie Academic & Professional，London.

问题

在长时间的电解过程中，氯气中的二氧化碳量会增加，这是由什么副反应引起的？

---

❶　阴极不应该放在离壁面太近的地方，以避免内外表面之间出现不必要的浓度梯度。片上的孔也有同样的作用。如果不采取这些预防措施，可能会出现大量的测量误差。